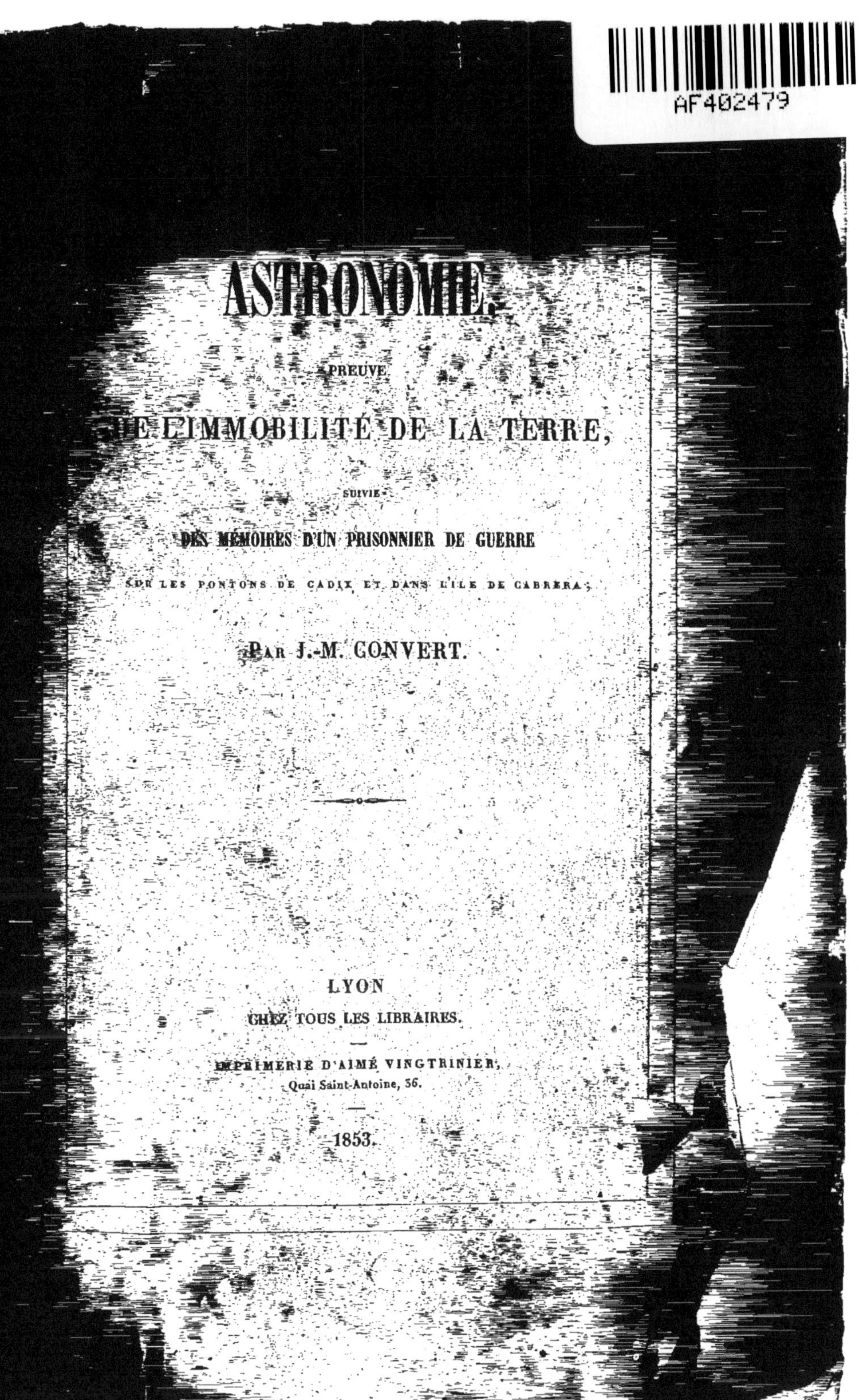

ASTRONOMIE.

PREUVE

DE L'IMMOBILITÉ DE LA TERRE,

SUIVIE

DES MÉMOIRES D'UN PRISONNIER DE GUERRE

SUR LES PONTONS DE CADIX ET DANS L'ILE DE CABRERA;

PAR J.-M. CONVERT.

LYON

CHEZ TOUS LES LIBRAIRES.

IMPRIMERIE D'AIMÉ VINGTRINIER,
Quai Saint-Antoine, 36.

1853.

ASTRONOMIE.

PREUVE

DE L'IMMOBILITÉ DE LA TERRE,

SUIVIE

DES MÉMOIRES D'UN PRISONNIER DE GUERRE,

SUR LES PONTONS DE CADIX ET DANS L'ÎLE DE CABRERA.

ASTRONOMIE.

RÉFUTATION DU SYSTÈME DE COPERNIC ET DE TOUT CE QU'IL A D'ERRONÉ, RENFERMANT LES ÉLÉMENTS DE LA SCIENCE.

La terre ne tourne point, et la raison humaine ne va point en rétrogradant ; c'est en vain que les apologistes de ce système soutiennent que la terre a ses mouvements, et que le soleil est un million trois cent mille fois plus gros que la terre, ce qui porterait le volume de cet astre à onze milliards et sept cent millions de lieues de grosseur, tandis que tout son volume n'a pas la dixième partie de celui de la terre.

On nous dit que, dans les éclipses de lune, la terre est entre le soleil et cette planète, où son ombre paraît toujours circulaire sur son disque ; chose inconcevable, et qui surpasse l'imagination, que des hommes puissent enseigner de pareilles assertions. Je le répète, et ce n'est pas sans raison que la postérité s'étonnera que des savants aient pu admettre des erreurs aussi vides de réalité.

Cet ouvrage ne renferme que des idées neuves, qui ne seront pas sans utilité, ce qui donnera à réfléchir à tous les êtres doués de raison.

ASTRONOMIE.

PREUVE

DE L'IMMOBILITÉ DE LA TERRE,

SUIVIE

DES MÉMOIRES D'UN PRISONNIER DE GUERRE

SUR LES PONTONS DE CADIX ET DANS L'ÎLE DE CABRERA;

PAR J.-M. CONVERT.

LYON.

CHEZ TOUS LES LIBRAIRES.

—

IMPRIMERIE D'AIMÉ VINGTRINIER,
Quai Saint-Antoine, 36.

—

1853.

PRÉFACE.

En livrant à la publicité, sous le titre d'ENTRETIENS, les observations que m'a suggérées la seule raison, je n'ai point la prétention de donner un nouveau système astronomique, bien qu'à mon avis, le système actuel soit tout à refondre. Dépourvu d'instruction, je suis comme un oiseau qui ne demanderait qu'à voler, et auquel on aurait coupé les ailes. J'ai cherché seulement à frayer un passage à la vérité au milieu de ces ténèbres formées par les conjectures des savants. Au surplus, je crois que beaucoup d'hommes pensent comme moi au sujet de l'immobilité de la terre. Bon nombre de personnes, d'une haute capacité et

douées d'un jugement profond, ont voulu attendre pour se pro-
noncer, d'avoir en main des preuves satisfaisantes et positives,
afin de pas tomber en contradiction avec elles-mêmes, ainsi que
cela est arrivé à tous ceux qui ont écrit jusqu'à ce jour. Au surplus, il n'y a rien de surprenant à ce que les systèmes divers qui
ont été publiés impliquent des contradictions les uns aux autres ;
il ne saurait en être autrement, puisque tous ces systèmes n'ont
d'autre base que l'erreur.

Ptolémée, qui naquit en Egypte, vers le IIe siècle de notre ère,
soutint que la terre était immobile au centre de l'univers ; que
le soleil et les planètes tournaient autour de la terre. Cette opinion a été adoptée pendant 1,400 ans. Depuis, on a prétendu
que c'était une erreur.

En 1472, Copernic, né à Thorn (Prusse), fit revivre les idées de
Pythagore, et se fit l'auteur d'un système tout opposé à celui de
Ptolémée. Soit que la nouveauté ait contribué à faire goûter ce
système, soit toute autre cause, il n'en est pas moins vrai que
Copernic, persuadé qu'il avait découvert la véritable organisation
terrestre et planétaire, résolut de mettre au jour les grandes
choses qu'il venait d'imaginer. Toutefois, l'ignorance de son
siècle et le fanatisme religieux l'empêchèrent de proclamer ces
vérités aussi haut qu'elles méritaient de l'être. La postérité s'é-
tonnera peut-être que nos pères y aient ajouté foi.

J'ai parlé, dans le commencement de cet opuscule, du célèbre
Galilée ; mais comme je n'en ai dit que quelques mots, il n'est
pas inutile de reproduire ici sa condamnation, dans l'intérêt de
ceux des lecteurs qui ne connaîtraient pas ce procès célèbre.

A Copernic succéda Galilée, lequel avait sur ses prédécesseurs l'avantage du télescope ; car ce fut de son temps que cet instrument fut inventé. Galilée s'occupa de le perfectionner, et il obtint des résultats merveilleux. Il acquit la certitude que la voie lactée n'était que l'assemblage d'une immense quantité d'étoiles. Ce fut lui qui, le premier, découvrit des montagnes dans la lune, et parvint à en déterminer l'élévation.

Galilée publia les découvertes admirables qu'il avait faites, et enseigna ouvertement le système de Copernic. Les dévots pensèrent que le mouvement de la terre était en contradiction flagrante avec l'Ecriture sainte. L'Inquisition s'émut d'une doctrine qui pouvait diminuer la puissance des prêtres ; elle traduisit Galilée à son tribunal. Agé de 70 ans, à cette époque, il fut obligé de signer l'abjuration d'une doctrine que les moines traitaient d'exécrable hérésie. Voici les termes de cette abjuration :

« Moi, Galilée, à la 70ᵉ année de mon âge, constitué person-
« nellement en justice, étant à genoux et ayant devant les yeux
« les Saints Évangiles que je touche de mes mains, d'un cœur
« et d'une foi sincères, j'abjure, je maudis et je déteste l'erreur,
« l'hérésie du mouvement de la terre. »

Après avoir prononcé cette abjuration, il se releva ; mais, en ce moment même, la force de la vérité l'emportant sur la crainte, il ne put retenir cette exclamation : « Cependant la terre tourne. »

Cela n'empêche pas Galilée d'être condamné à une prison perpétuelle, et il ne dut sa liberté, au bout d'un an de captivité, qu'au Grand-Duc de Toscane ; et encore, on y mit cette restriction qu'il ne pourrait quitter le territoire de Florence.

Je viens de raconter l'histoire de la condamnation de Galilée.

Mais sa doctrine était-elle bonne? Les grandes découvertes qu'on lui attribue sont-elles réelles? La postérité en jugera.

Quant aux prétendues taches de la lune, ce sont des parties plus obscures, sur la nature desquelles les opinions sont partagées. Les uns les regardent comme des lacs, ou des mers. D'autres disent que ces taches proviennent de la diversité des matières dont le globe de la lune est composé; les autres affirment comme chose certaine, qu'à l'aide du télescope on voit cette planète couverte de trous, de cavernes, de vallées profondes, et hérissée de hautes montagnes dont plusieurs ont près d'une lieue et demie d'élévation.

Je demanderai à tous ces astronomes s'il existe des instruments qui puissent nous permettre de distinguer des montagnes, des cavernes et des vallées à une distance de 86,324 lieues, Car c'est la distance que ces messieurs disent exister de la lune à la terre, et sur ces 86,324 lieues, ils n'en diminueraient pas une seule. On dirait que les anciens astronomes, Copernic, Galilée et autres raisonnaient comme s'ils eussent mesuré au cordeau la distance qui sépare la terre de la lune.

Cependant, si comme ils l'affirment, on distingue au moyen du télescope quarante-cinq taches dans la lune, savoir: trente au centre de cette planète, et quinze autres vers les bords du disque, cela prouverait que la terre n'est pas aussi éloignée de la lune qu'ils le prétendent. Il est facile de comprendre, et le bon sens suffit pour cela, que l'on ne peut pas distinguer des objets qui sont hors de la portée des instruments dont on se sert.

Supposons qu'un homme, à l'aide d'un navire aérien, s'élevât dans l'atmosphère à la hauteur de cent lieues. Quand il serait muni des meilleurs instruments, il ne pourrait, de cette distance, distinguer la terre ni même les hautes montagnes qui la couvrent, pas même celles de ces montagnes qui étant couvertes de neige, sont plus faciles à voir à cause de leur blancheur qui, par la réfraction des rayons solaires, les rendent éblouissantes. Et, pourtant, on devrait les distinguer plus aisément que les montagnes de la lune, lesquelles n'étant pas couvertes de neige, ne produisent pas le même éclat.

Ainsi, lorsqu'on prétend qu'à une distance de 86,324 lieues, on voit des montagnes dans la lune, l'imagination et la raison se refusent à admettre pareille chose. Quelques astronomes ont dessiné des cartes de la lune ; ils y ont fait figurer les principales taches reconnues sur la surface de cette planète. Mais, de deux choses l'une ; et, d'un côté ou de l'autre, il y a eu mensonge de leur part, on, ils ont réellement aperçu des montagnes dans la lune, et alors cette planète est très-rapprochée de nous ; ou, ils en ont imposé à cet égard ; car en admettant la distance qu'ils supposent exister entre la terre et la lune, il est impossible qu'ils aient pu voir ce qu'ils affirment avoir distingué. S'ils ont pu dessiner la plus grande partie des taches de la lune, et qu'à leur dire, on aperçoit comme si cette planète était sur notre main, cela prouverait l'inexactitude matérielle de leur appréciation de la distance qui sépare la lune de la terre.

Lorsque la lune se lève pour nous, à la distance de 600 lieues à peu près, nous la voyons toute rouge, par rapport à son éloignement de nous. Cette rougeur est occasionnée par le fluide répandu dans l'atmosphère qui forme l'horizon, et qui nous empêche de voir la lune dans son état naturel. Alors, les taches noires que l'on voit dans le centre de cette planète sont invisibles pour nous. Il est de toute impossibilité que la vue de l'homme puisse pénétrer à travers un si grand espace de fluide.

J'en reviens encore à la condamnation de Galilée. On a beaucoup déblatéré contre l'injustice commise à son égard ; on a calomnié les prêtres qui ont jugé ce philosophe. Consciencieusement avaient-ils tort ? Non. Galilée en imposait à la société, en prétendant qu'il voyait des montagnes dans la lune, puisque ces montagnes n'existent pas, Galilée était donc coupable ; il a propagé une erreur qui s'est perpétuée jusqu'à nos jours.

Je partage cependant l'opinion de Galilée, lorsqu'il dit avoir acquis la certitude que la voie lactée n'était que l'assemblage d'une quantité d'étoiles. Et néanmoins, si les étoiles étaient à plusieurs milliers de milliards éloignées de nous, d'après les calculs des astronomes, il serait impossible de distinguer cette voie lactée qui forme des topazes et qui nous donne de loin la ressemblance de plusieurs espèces d'animaux.

L'astronomie, telle qu'on nous l'a faite, est fondée sur la force d'attraction et sur les mouvements de la terre. Or, cette force d'attraction et ces mouvements n'existent pas. Ce sont des erreurs qui se sont perpétuées jusqu'à nos jours, parce que nos pères les ont admises sans réflexion. Pourquoi ont-ils adopté aussi légèrement toutes les illusions écloses dans le cerveau d'un Génois, d'un Prussien et d'un Anglais ? Loin de combattre, comme ils auraient dû le faire, ces systèmes absurdes, ils ont cherché tous les moyens de les consolider, en créant des tourbillons qui ont emporté le bon sens de nos astronomes. Certes, les siècles futurs s'étonneront avec raison que la France ait été si riche en hommes de talent, et que des choses aussi simples aient échappé aux regards de ces mêmes hommes. Ils seront surpris de voir la science de l'astronomie encore à l'état d'enfance, et nous traiteront d'aveugles et d'ignorants, pour avoir ajouté foi à toutes les absurdités qui nous sont enseignées.

Peut-être, était-ce parce que Copernic, Galilée et Newton n'étaient pas français, que leurs idées ont été si bien accueillies chez nous? Est-ce parce que l'on recherche ce qui vient de loin? Quoiqu'il en soit, l'honneur et la dignité de notre pays sont intéressés à ce que nous ne marchions plus à la remorque des savants étrangers. Il faut qu'un nouveau système soit établi, et qu'il soit fondé sur la nature et la raison. Nous ne devons pas en laisser la gloire à nos descendants. Quel attrait peut offrir aujourd'hui l'astronomie? Qui a le courage de lire les ouvrages publiés sur cette science, et où l'on ne rencontre qu'un tissu d'absurdités? Que peuvent enseigner à la jeunesse les livres de nos astronomes? Rien que l'erreur.

Les auteurs du système actuel ont compté bien plus sur la crédulité du genre humain que sur la vérité de ce qu'il démontraient; ils ne pouvaient ignorer qu'ils étaient hors d'état de fournir une seule preuve à l'appui de leurs affirmations et de leurs appréciations exagérées; tandis que l'on peut leur donner mille preuves qu'ils sont dans l'erreur.

Je livre donc au public mes observations telles que la raison me les a suggérées. Mon esprit n'a point été cultivé par la science: je suis donc souvent embarrassé de rendre mes idées d'une manière claire et lucide. J'ai cherché néanmoins à répandre le plus de variété et d'attrait qu'il m'a été possible, sur l'écrit que je donne à la publicité.

RÉFUTATION

DE

L'ASTRONOMIE ACTUELLE.

PREUVES DE L'IMMOBILITÉ DE LA TERRE.

PREMIER ENTRETIEN.

Je me trouvais dans un bateau à vapeur qui descendait de Chalon à Lyon. Plusieurs personnes, réunies sur le pont du bateau, discutaient sur le volume de la terre, sa forme et son mouvement. Je m'approchai d'elles, et me mis à écouter leur conversation. L'un des interlocuteurs prétendait que la terre était ronde comme une boule, et tournait sur son axe. Un autre soutenait qu'elle était plate et décrivait sur elle-même un mouvement de rotation. Un autre enfin affirmait que la terre tournait comme une roue de voiture ou de moulin. Les uns et les autres s'épuisaient en frais d'éloquence pour défendre leur opinion, basée uniquement sur ce qu'on leur avait enseigné. Mais aucun d'eux ne pouvait fournir de preuves concluantes à l'appui de son système fondé sur l'erreur.

Après m'être borné quelques instants au rôle passif d'auditeur, je profitai d'un moment où l'entretien paraissait languir, pour demander la permission d'émettre mon opinion à mon tour, et de présenter quelques observations qui devaient, ajoutai-je, contrarier, ou plutôt détruire leurs divers systèmes, lesquels, à mon avis, étaient tous faux.

La curiosité du groupe fut piquée ; on parut désirer savoir ma pensée ; prenant alors la parole : — « Messieurs, leur dis-je, pour couper court à vos discussions, je me fais fort de vous démontrer que la terre n'a jamais bougé de place depuis que le monde existe, et qu'elle ne bougera jamais. — Et quel est, s'écria l'un de ceux qui m'écoutaient, le professeur assez savant ou assez hardi pour émettre une opinion semblable, et avouer une pareille erreur ? — Messieurs, repris-je alors, je n'ai jamais mis le pied dans aucun collége. Mon intelligence n'a point été développée par l'instruction. Je crois pourtant être dans le vrai, bien que je n'aie suivi que les lumières de la raison, sans me laisser subjuguer ni arrêter par les préjugés admis, et qui forment à eux seuls tout le fond de l'enseignement de ces professeurs éloquents dont on admire les phrases, aussi creuses que sonores, et qui sont stériles et sans fruits pour ceux qui les entendent.

Les préjugés, s'appuyant de l'autorité de la science, ont fait école jusqu'à ce jour. Nos savants, nos astronomes seront longtemps encore avant de confesser qu'ils ont été dans l'erreur. Pour se faire illusion à eux-mêmes, ils multiplient les contradictions. Parcourez les ouvrages de plusieurs d'entre eux, et vous reconnaîtrez qu'ils se contredisent à chaque instant. Mais c'est en vain que leurs discours et leurs écrits épaississent de plus en plus les ténèbres qui enveloppent la vérité. Elle se fraie passage et apparaît aux yeux de l'homme qui écoute sa raison, en attendant qu'elle se montre aux regards de tous.

— Messieurs, dit à ce moment l'un de mes auditeurs, je vois que monsieur prétend s'élever contre toutes les doctrines reçues, et se mettre en opposition avec tous les grands astronomes et tous les savants illustres qui ont perfectionné la science de l'astronomie; qu'il combat les idées approuvées par toutes les académies du monde. La prétention me semble un peu outrée.

— L'erreur n'en est pas moins réelle, pour être universelle, répondis-je. Elle s'est perpétuée; ni grands, ni petits n'en sont exempts. Un prédicateur dit en chaire, aux incrédules qui révoquent en doute quelques-unes des doctrines religieuses : « Comment pouvez-vous douter ou nier ces grandes vérités qu'ont approuvées et consacrées les écrits des Pères de l'Eglise et les casuistes les plus célèbres? » Il en est de même des astronomes. Préoccupés de ce qui leur paraissait être en harmonie avec les besoins de la société, ils ont négligé de rechercher la réalité. L'Ecriture sainte nous dit que rien n'est plus opposé à la foi que de vouloir approfondir. Les astronomes font de même. Pour les croire et adopter sans conteste ce qu'ils nous donnent comme positif, il faut renoncer à écouter la raison. Le vulgaire, épris de la nouveauté, se laisse éblouir par les hommes qui cherchent à tout prix la célébrité qu'ils ambitionnent. C'est par ce moyen que l'ignorance se propage, de génération en génération, jusqu'au moment où la vérité se fera jour.

Copernic basa son système sur le rêve de Pythagore. Après lui, Galilée prétendit que la terre tournait autour du soleil, et que cet astre était immobile au centre de l'univers. Ce système, opposé à la fois à l'ordre établi par la nature et à la raison humaine, ne fut point adopté. Il rencontra l'opposition la plus violente et suscita à son auteur une terrible persécution. Galilée fut traduit devant le tribunal de l'Inquisition, et condamné à une prison perpétuelle. Après avoir abjuré à genoux, et sur le saint Evangile, sa doctrine du mouvement de la terre, il se releva en criant : « Et cependant la terre tourne. » Cette protestation n'était faite que pour rejeter sur ses juges l'iniquité de leur sentence ; mais les astronomes en tirèrent un habile parti. De même que le martyre de Jésus-Christ a été l'origine de l'institution des Sacrements, et que le sang des premiers chrétiens a contribué à la propagation de la doctrine évangélique, de même, la condamnation et le martyre de Galilée ont aidé les partisans de son système à faire prévaloir leurs idées et leurs illusions.

On a prétendu que le fanatisme religieux s'opposait à l'admission et à l'adoption du système du mouvement de la terre, parce que ce système était en opposition avec l'Ecriture sainte et avec le prétendu miracle qu'aurait opéré Josué en arrêtant le soleil. Or, ce prétendu miracle était tout simplement une éclipse solaire. Je n'ai pas une grande foi aux miracles, et je soutiens que le soleil a toujours suivi son cours.

D'après le nouveau système du mouvement de la terre, Copernic a fait arrêter le soleil, l'a placé au centre de l'espace; il laisse circuler la lune et les étoiles seulement, le soleil restant immobile.

Pour opérer une révolution semblable, il aurait donc fallu que Copernic fût un Dieu, et que ses disciples fussent des saints, eux qui ont fait tomber dans le plus étrange aveuglement la plus grande partie du genre humain. Peut-être n'ont-ils réussi à faire prévaloir leurs doctrines qu'en insinuant et en faisant croire que les prêtres avaient intérêt à ne pas laisser enseigner aux masses la nouvelle combinaison astronomique. Sans la persécution dont Galilée fut l'objet, le fanatisme de ses partisans n'aurait pu faire triompher l'erreur qu'il avait enseignée. Les prêtres et les inquisiteurs qui ont jugé Galilée défendaient la vérité; ils avaient raison de combattre les doctrines erronées de ce philosophe. Seulement, on doit avouer que la peine qu'ils lui infligèrent était trop sévère, et que son erreur à l'égard du mouvement de la terre ne méritait pas un si rude châtiment.

— Monsieur, me répondit l'un de mes auditeurs, vous prétendez, à ce que je vois, justifier les prêtres des rigueurs exercées contre Galilée; vous dites que la condamnation de celui-ci fut conforme à l'équité. Cependant, la sentence prononcée contre lui a été regardée comme infâme par une foule d'hommes éminents et dont l'opinion est respectée. Ainsi, tout ce que vous avez dit jusqu'à ce moment ne prouve absolument rien.

Dites-nous plutôt les moyens à l'aide desquels vous espérez nous démontrer que la terre est immobile. Chacun de nous, en particulier, est désireux de connaître les preuves que vous pouvez avancer à l'appui des objections contradictoires que vous avez soulevées.

— Messieurs, repris-je alors, vous dites que la terre est ronde et qu'elle tourne comme une roue de voiture. Je pourrai admettre ce système, quand vous m'aurez prouvé que les hommes peuvent marcher les pieds en l'air et la tête en bas.

Il y a beaucoup d'hommes érudits qui soutiennent que nous marchons pieds contre pieds. On peut, il me semble, sans les offenser, dire qu'ils sont dans l'erreur, même en supposant qu'il y ait des hommes au-dessous de la surface que nous habitons. Dans nos maisons, nous sommes bien étagés les uns au-dessus des autres. Ceux qui habitent le premier ne sont point pieds contre pieds avec ceux du rez-de-chaussée, et ainsi de suite.

Si la terre tournait comme on le prétend, les maçons ne pourraient pas travailler sur les toits; car la rotation de la terre produirait un bouleversement général, et tous nos meubles se briseraient.

Si la terre tournait comme une roue, pendant douze heures, nous ne verrions ni soleil, ni lune, ni étoiles, puisque nous aurions les pieds en l'air et la tête en bas. Il faudrait que les hommes fussent conformés comme des mouches pour se tenir en équilibre sur les plancher, et se préserver d'une chute inévitable.

Si la terre était ronde comme une boule, il n'y aurait point de plaines; par conséquent point de mers. Les fleuves qui alimentent ces mers descendraient avec rapidité pour se perdre dans l'immensité, puisqu'il n'y aurait pas de plaines pour recevoir les eaux.

Quand même la terre serait bétonnée en dessous, et mastiquée dans toute sa circonférence, la perte des courants d'eaux n'en serait pas moins inévitable.

Toutes ces villes que les rochers ont conservées au milieu des flots, sont là pour apprendre aux générations humaines que dans ces lieux, jadis, existaient des empires que les eaux ont détruits, de même que le fléau de la guerre a anéanti des villes puissantes dont il ne reste plus que le nom.

Lorsque survient un tremblement de terre qui engloutit des îles, des montagnes et des cités entières, il est évident que la terre était minée par les eaux, et qu'alors, la force matérielle lui manquant, elle ne peut plus soutenir. Si la terre n'était pas matérielle, qui retiendrait dans sa chûte cette masse de rochers que nous voyons? qui les empêcherait de s'écrouler? Qu'arriverait-il? Ce poids énorme tombant avec force entraînerait dans sa chûte tout ce qui s'opposerait à son passage, et frayerait chemin aux eaux qui se précipiteraient par torrents.

Et quand même la terre serait revêtue, dans toute sa circonférence, d'une croûte épaisse et solide, à l'effet de contenir les eaux partout où il y aurait de la terre mouvante, des détroits se formeraient sur plusieurs points où les eaux auraient une chûte continuelle.

Pour preuve de ce que j'avance, nous voyons des mers communiquer avec d'autres par les détroits. Ainsi, dans les temps reculés, l'Espagne et les côtes de Barbarie se joignaient.

L'Océan, dans ses tempêtes, a battu en brèche les rochers qui résistent seuls à la fureur des flots. Il s'est trouvé un espace de terre de trois lieues environ, lequel était dépourvu de rochers qui pussent servir de digue et le garantir d'une inondation. Les eaux, ne trouvant plus de résistance, n'ont pas tardé à se frayer une route. C'est ce qui a formé le détroit de Gibraltar où un courant de l'Océan communique avec la Méditerranée, sur une largeur de trois lieues.

Et quand même on admettrait l'existence de ces croûtes solides que l'on suppose destinées à contenir les eaux, cela n'empêcherait pas que celles-ci ne filtrassent à travers ces croûtes et ne formassent des gouttières, lesquelles se convertiraient en torrents dans toute la partie terrestre, ce qui aurait amené, depuis des milliers de siècles, la perte de ces mêmes eaux.

Enfin, toutes ces croûtes dont nous parlent les savants sont-elles plus solides que les masses de rochers? Je ne le pense pas. Voici un fait dont j'ai été témoin oculaire :

Nous étions prisonniers de guerre à l'île de Cabrera. Pour ne pas avoir la honte de nous laisser mourir de faim sous leurs yeux, les Espagnols nous avaient isolés du reste des humains. Il y avait dans l'île une fontaine où les officiers puisaient de l'eau pendant le jour, et les soldats, malades ou valides, pendant la nuit. Il nous fallait faire la chaîne pour remplir d'eau un bidon. Souvent, il ne s'en trouvait que tous les trois ou quatre jours. Nous étions donc privés de la première des choses nécessaires à la vie.

Pour ne pas rester en proie au tourment de la soif, nous fîmes des recherches dans l'île, et nous découvrîmes une fontaine au milieu d'un rocher, à une élévation de 200 pieds au-dessus du niveau de la mer. Nous ne fûmes pas médiocrement surpris de voir sortir de l'eau d'un rocher dans lequel on ne voyait aucune fente. Cinquante hommes étaient à la chaîne pour puiser un bidon d'eau, et, pour obtenir cette chétive provision, on était obligé de mettre toute une nuit.

Je maintiens donc que l'eau descend continuellement jusqu'à ce qu'elle se fraye un passage. En supposant que la terre fût entourée de rochers dans toute sa circonférence, et que ces rochers fissent une digue, cela n'empêcherait pas les eaux de filtrer à travers ces rochers, et de s'y perdre.

A ce moment, un de mes interlocuteurs prit la parole.

—Monsieur, me dit-il, la terre peut avoir une croûte solide de 50 à 60 pieds d'épaisseur pour contenir les eaux dans son sein; celui qui l'a créée a tout prévu pour sa conservation.

—Je soutiens, répondis-je, que Dieu n'a jamais dit que la terre tournait. La rotation de la terre a été inventée par des rêveurs; ils ont voulu se poser en novateurs, et, pour y arriver, ils ont imaginé des fables qui ont trouvé, pour les appuyer, des hommes plus éloquents que sérieux et raisonnables, plus occupés du soin de leur réputation que de toute autre chose. Messieurs,

croyez-moi, ce qui blesse la raison ne peut durer éter-
nellement. Tôt ou tard surviennent des hommes qui
font justice de l'erreur et rétablissent les choses dans le
vrai.

DEUXIÈME ENTRETIEN.

Après quelques instants de suspension, nous reprîmes l'entretien interrompu.

— Messieurs, dis-je à ceux qui m'avaient posé leurs objections, vous n'ignorez pas que l'atmosphère ne peut supporter que des objets sphériques, l'air et le feu qui sont les éléments les plus légers. Quant à l'eau, cet élément se soutient dans les nuages, dont il fait partie, à cause de son poids. Mais il faut que les nues le restituent à la terre. Pour se maintenir dans les airs, il faudrait donc que le globe terrestre fût renfermé dans un ballon enlevé par le gaz hydrogène. Cependant, le gaz venant à manquer, le ballon ne pourrait plus se soutenir dans l'atmosphère. L'expérience nous le prouve tous les jours. Lancez un ballon de papier ou de soie, que le feu manque à l'un, ou le gaz hydrogène à l'autre, il faut qu'il tombe. Cependant ce ballon, de papier ou de soie, est léger. Néanmoins, l'atmosphère ne peut le supporter. Et voici le motif :

L'air et l'eau sont deux éléments tout à fait différents,

et chacun d'eux porte ce qui convient à sa nature. Par le moyen des vaisseaux, l'eau porte des charges énormes; l'air pourrait supporter des fardeaux proportionnés à la force d'un ballon, si la science avait perfectionné les aérostats; mais jusques-là les rochers ne voyageront pas dans les airs, comme on nous le dit. Jetez une pierre dans l'eau, elle ira au fond; lancez-la dans l'espace, elle retombera à terre. Il faut donc des objets capables d'utiliser la force de ces deux éléments pour le transport des marchandises. Un jour viendra où l'on voyagera en ballon comme on voyage aujourd'hui en bateau à vapeur; car le temps amène de nouvelles découvertes; mais toutes les découvertes qu'il amènera ne prouveront jamais, d'une manière satisfaisante, que la terre tourne et que le soleil soit immobile.

Eh quoi! Messieurs les astronomes, les plumes et le duvet, malgré leur légèreté, ne peuvent se maintenir dans l'atmosphère; et vous prétendez faire marcher la terre plus vîte que ne vole l'hirondelle, sans tenir aucun compte de l'énormité de son poids! Votre haute intelligence me paraît s'être écartée ici des sentiers de la raison; et si votre système, qui ne se compose que de fables, a prévalu, c'est grâce à vos admirateurs, et parce qu'aussi le privilége des membres d'une académie est d'avoir toujours raison.

Eh bien! écoutez: je suppose que notre terre soit un ballon voyageant dans l'espace atmosphérique comme tout autre ballon; que deviendrait l'espèce volatile? Du milieu de ce champ de blé où l'alouette a déposé son nid, elle s'élève dans les airs, et célèbre par ses chants joyeux le plaisir d'être bientôt mère. Une heure à peine s'est écoulée depuis que l'alouette chante dans les airs, et, pendant ce temps, le ballon terrestre aurait glissé sur son écliptique, à raison de six lieues et un quart par minute. Et pourtant l'alouette redescend en ligne droite sur son nid.

. Or, si la terre n'était pas immobile, l'alouette se trouverait éloignée de son nid de la distance de 375 lieues, au bout d'une heure ; elle ne pourrait jamais le retrouver, et son espèce se détruirait.

Les corneilles, dont le vol est très-peu rapide, bâtissent leurs nids sur les plus hautes montagnes, et vont souvent à l'occident chercher des aliments pour leurs petits, tandis que la terre tournerait du côté opposé, c'est-à-dire vers l'orient. Cependant la corneille restera quelquefois plus d'une demi-heure dans l'air avant de redescendre ; il ne lui faudra pas moins de temps pour s'en retourner. Pendant son excursion, la terre aurait fait environ 400 lieues. Que dis-je ! j'allais oublier le mouvement annuel de la terre autour du soleil ; et pourtant, c'est son mouvement le plus rapide. Par l'un, elle fait 412 lieues par minute ; par l'autre, 333,333 lieues, aussi par minute. Ce ne serait donc plus de quelques centaines, mais bien de quelques millions de lieues, que la corneille se trouverait éloignée de son nid. Tous les oiseaux éprouveraient le même sort, et les hirondelles ne pourraient plus retrouver le chemin de nos cités, comme elles savent le faire tous les ans.

— Monsieur, m'objecta en ce moment l'un des auditeurs, vous paraissez n'avoir aucune notion d'astronomie; si vous en possédiez la moindre, vous parleriez différemment. Quant à moi, je ne vois aucune difficulté à ce que, malgré la rotation du globe, les oiseaux retrouvent leur nid. Car vous devez savoir que tout suit le mouvement de la terre, que tout est entraîné par elle. Un boulet de canon, malgré la force avec laquelle il est lancé, et qui lui communique une impulsion si rapide, ne peut résister à la puissance attractive que la terre exerce sur lui. Il suit le mouvement de rotation de la terre, et tourne autour d'elle comme elle-même autour du soleil. La force centripète et la force centrifuge agissent sur tous les corps ; tous sont contraints de suivre le mouvement de la terre.

— Vous m'avez dit, Monsieur, répliquai-je, que je n'ai aucune connaissance en astronomie; je n'en disconviens pas, mais je m'en applaudis au contraire ; car c'est à cause de cette ignorance que je suis exempt de tous les préjugés qui égarent la raison de l'homme imbu des fausses doctrines que l'on enseigne dans les écoles. Mais je puis vous répondre victorieusement par des faits irrécusables. Vous ne pouvez ignorer que, pendant quatre ou cinq ans, les Français ont assiégé Cadix. Leurs batteries étaient placées au Trocadéro, à une distance d'une lieue et demie de la ville. Bien qu'une bombe puisse demeurer l'espace de 15 à 20 secondes dans l'atmosphère, et qu'alors elle soit indépendante de la terre, il est certain que si la terre avait, comme on le prétend, tourné sur son axe à raison de deux lieues par seconde, jamais bombe ne serait entrée dans Cadix. Car en admettant que la bombe eût la même vitesse que le mouvement de la terre, les batteries de siége placées à l'orient, lesquelles, suivant le mouvement de la terre qui tourne de ce côté, se seraient toujours trouvées à la même distance de la ville, située à l'occident. Et pourtant la bombe lancée sur la ville, parcourant sa route dans l'atmosphère, en obéissant à la direction donnée par l'artilleur, va tomber au lieu précis que le calcul du pointeur avait déterminé. Ceci est une preuve que la terre ne tourne pas ; car si elle tournait, en opérant son mouvement de l'est à l'ouest, la ville se serait trouvée à la place où, quelques secondes auparavant, étaient les batteries ; et la bombe, au lieu de tomber dans Cadix, serait tombée à une lieue et demie dans la mer.

Je rendrai cette preuve plus sensible encore par une autre comparaison. Placez un cheval à une lieue de distance d'un parc d'artillerie, et tracez un cercle autour de ce cheval. L'officier commandant le parc d'artillerie, s'il est sûr de son coup d'œil et de celui de ses canonniers, va parier de faire tomber, en vingt coups, une bombe à la place occupée par le cheval. La bombe, dirigée par un habile pointeur, traverse les airs et va tomber à la place que le cheval occupait au centre du cercle tracé ; seulement, il est bien entendu qu'elle n'atteint pas le cheval qui a été lancé loin de là, dès que la bombe est sortie du tube d'airain qui la renfermait.

Or, si la terre tournait, le cheval n'aurait pas été atteint, quand même il n'eût pas bougé de sa place, car, par l'impulsion du mouvement de la terre, il aurait été entraîné avec elle. La bombe a été dix secondes en l'air. Pendant ce temps, la terre, dans son mouvement de rotation, a parcouru plus d'une lieue ; ainsi, d'après le système de nos astronomes, la bombe aurait dû tomber à une lieue de distance du cheval et du cercle tracé autour de celui-ci.

Supposons que l'on veuille faire tomber une bombe dans un chemin de fer, sur un wagon, à une distance connue. Le canonnier lance sa bombe dans la direction du wagon sur lequel elle doit tomber. Elle atteindra en effet son but, en tombant à la place où se trouvait le wagon ; car celui-ci a toujours marché, et comme il s'est éloigné, la bombe ne l'atteindra pas, bien que le pointeur ait visé juste ; mais il n'a point tenu compte du chemin qu'a pu faire le wagon, pendant que le projectile était dans l'air. Si la terre tournait, elle aurait aussi son chemin de fer, l'air, dont la vitesse est bien supérieure à celle des chemins de fer.

Je demanderai à tous les astronomes qui prétendent que tout suit le mouvement de la terre, laquelle parcourt six lieues un quart par minute dans sa rotation journalière, et 5,060 lieues par seconde dans son mouvement annuel autour du soleil, je leur demanderai, dis-je, auquel de ces deux mouvements de la terre le boulet lancé devra obéir. Ils me répondront qu'ils n'en savent rien.

TROISIÈME ENTRETIEN.

Un moment interrompu par une circonstance dont je
ne me souviens pas, notre conversation se renoua bientôt, et je repris en ces termes :

Vous savez, Messieurs, que lorsque nos artilleurs
s'exercent au tir de la cible ou du polygone, ils font
entrer des bombes dans un tonneau. Or, cela serait impossible si la terre tournait.

A Lyon, dans les journées d'avril 1834, les insurgés
avaient arboré un drapeau noir sur le clocher de l'église
des Cordeliers. Un coup de canon, tiré des Brotteaux,
enleva le bâton et le mouchoir noir. Si la terre eût tourné
de deux pouces seulement en cinq secondes, le boulet
n'aurait pas atteint le drapeau, mais seulement le clocher. Il est donc évident que le boulet suit la direction
donnée par le pointeur. Dans la circonstance que je
viens de rappeler, les pièces de canon étaient placées à
l'orient, et le drapeau à l'occident; ce qui prouve que
le boulet n'obéit pas au prétendu mouvement de la
terre.

Messieurs, permettez-moi de vous adresser une question : Si la terre tournait, quelles dispositions stratégiques devrait prendre un général d'armée, à la veille de livrer bataille ?

— Monsieur, me répondit-on, la question que vous posez est étrangère au mouvement de la terre.

— Je ne le pense pas, repris-je, et pour preuve, je vous dirai : Si la terre était mobile, les premières connaissances que devrait avoir un général, seraient de combiner ses manœuvres avec le mouvement de la terre, de manière à tourner l'ennemi à l'occident. En parvenant à placer son armée à l'orient, il serait toujours assuré de la victoire. En effet, si réellement, comme on le dit, la terre tourne d'occident en orient, un corps d'armée étant à la distance de l'ennemi d'une portée de canon détruirait l'armée ennemie, sans perdre un seul homme, puisque la vitesse de la rotation de la terre est le double de la rapidité du boulet de canon. Ainsi, ces deux armées suivant le mouvement de la terre, l'une d'elles serait amenée devant les balles de l'autre, et se trouverait exposée à tout le feu, tandis qu'elle-même ne pourrait rien et multiplierait en vain les décharges d'artillerie, sans arriver à aucun résultat. Le seul point important pour le corps d'armée qui occuperait la position avantageuse, serait de se maintenir toujours à distance et de ne pas se laisser approcher.

Ce que je viens de dire au sujet d'une bataille, peut aussi s'appliquer aux siéges. En plaçant les batteries à l'orient de la ville, celle-ci, obligée de suivre le mouvement de la terre, rencontrerait les boulets ennemis à moitié chemin. De cette manière, on pourrait battre en brèche de beaucoup plus loin.

Mais je parle là comme si la terre tournait réellement. Un général auquel je communiquerais mes idées de siége et de bataille, se moquerait de moi, et il aurait raison. Il me répondrait que le boulet se dirige sur tous les points où on veut le lancer, et que l'attraction de la terre n'en change pas la direction.

Pendant la guerre de la Péninsule, sous l'Empire, je faisais partie de la première division du corps d'armée du général Dupont. Après la retraite de Cordoue, nous restâmes campés un mois à Andogar, en attendant la fatale capitulation de Baylen, qui allait nous rendre martyrs. Je vis placer une pièce de canon au bord de la rivière. Les Espagnols avaient fait descendre leur artillerie au bas du côteau où ils étaient campés. Notre pièce fait feu et leur brise un caisson. L'ennemi riposte, et, du premier coup, il démonte notre pièce. Le soldat qui emmenait l'avant-train de la pièce démontée, ne détourne pas ses chevaux comme il aurait dû le faire. Un second coup de canon arrive, atteint un cheval à la croupe, et le boulet ressort par le poitrail. Or, si la terre eût tourné, les chevaux et la pièce auraient été détournés par le mouvement de la terre, et les boulets espagnols ne les auraient pas atteints.

Permettez-moi, Messieurs, de vous citer un fait dont j'ai été témoin. Je voyageais, comme en ce moment, sur un bateau à vapeur. Deux personnes firent le pari suivant : l'une d'elles devait lancer une pomme à trente pieds en l'air et la recevoir au bout d'une fourchette , sans bouger de place. Celui qui avait parié de recevoir la pomme perdit la gageure (peu importante à la vérité , il ne s'agissait que de deux bouteilles de vin), car la pomme tomba à cinq mètres de lui. Je fis remarquer au parieur vaincu que la vapeur avait marché pendant le temps que la pomme montait en l'air et redescendait. Il me répondit qu'en pariant, il n'avait pas songé à cette circonstance, et qu'il se croyait toujours sur la terre ; il était persuadé qu'il réussirait à faire ce à quoi le pari l'engageait.Or , Messieurs, je vous en fais juges. Si la terre tournait, il n'aurait pas reçu la pomme au bout de sa fourchette , quand même il aurait été sur la terre ferme. Le mouvement de la terre aurait fait dévier la pomme de la ligne qu'elle devait tenir pour retomber précisément sur la fourchette.

QUATRIÈME ENTRETIEN.

— Messieurs, dis-je à mes auditeurs, je vous ai déjà donné plusieurs preuves à l'appui de mon opinion. Je puis vous en fournir encore bien d'autres. Si la terre tournait, Guillaume Tell aurait-il pu, à la distance de trente mètres, enlever avec sa flèche la pomme placée sur la tête de son fils? Non, évidemment, car la flèche serait restée huit à dix secondes en l'air; et, pendant ce temps, la terre aurait glissé d'environ une lieue sur son axe. De sorte que, malgré la justesse du coup d'œil de Guillaume, la flèche, ne faisant point partie de la terre, serait tombée à une lieue de la tête de l'enfant. Remarquez bien que Guillaume Tell et son fils, conservant la même distance l'un de l'autre, et tous deux faisant partie de la terre, auraient suivi son mouvement de rotation, qui est de six lieues un quart par minute, et son mouvement de translation autour du soleil, lequel est de 550 lieues par seconde; tandis que la flèche, indépendante de la terre, aurait volé dans les airs, n'obéissant qu'à la force qui la dirigeait. Je crois donc que Guillaume aurait eu beaucoup de peine à retrouver sa flèche, et qu'il eût payé de sa tête son amour paternel. Oui, si la terre, comme on le prétend, tourbillonnait dans l'espace, si elle tournait seulement d'un pouce par seconde, l'adresse de Guillaume Tell eût été inutile; son fils et lui auraient péri.

—Monsieur, me répondit un de ceux qui m'entouraient, ce que vous objectez n'est pas concluant. Pourquoi l'archer n'atteindrait-il par le but qu'il vise; ils conservent toujours vis à vis l'un l'autre une distance égale, puisque tout suit le mouvement de la terre.

— Vous faites, monsieur, répliquai-je, une pétition de principe, en me donnant pour raison que tout suit le mouvement de la terre. A cet égard, vous argumentez comme les astronomes; mais ceux-ci ne peuvent pas nous prouver d'une manière satisfaisante que leurs allégations soient des vérités. Si je vois un cheval à soixante pas devant moi et que je veuille l'atteindre d'un coup de pierre, la pierre lancée pourra bien tomber juste, si j'ai bien visé; mais pendant le temps qu'elle aura mis à franchir la distance, le cheval aura marché aussi; je ne l'atteindrai pas, et n'aurais pu le toucher que s'il fût resté à la place qu'il occupait le moment d'auparavant. Je vais, messieurs, vous poser une question que vous résoudrez à l'aide du simple bon sens.

Supposons que je sois placé auprès d'un artilleur qui se dispose à tirer un coup de canon du côté de l'orient. Je tiens à la main une boule, et je la lance au moment où le boulet part. Les deux projectiles, étant soumis l'un et l'autre à l'attraction de la terre, devraient avoir la même vitesse. Cependant le boulet franchira l'espace trente fois plus rapidement que la boule, parce que les deux forces qui ont lancé l'un et l'autre ne sont pas égales, et le bras d'un homme ne saurait communiquer à un projectile une force et une rapidité égales à celles que transmet la poudre en l'enflammant. Dès-lors, il est évident que la boule ne peut fendre les airs aussi rapidement que le boulet. Or, la vitesse de la rotation de la terre dépasse celle du boulet, et le mouvement de translation de la terre autour du soleil serait au moins sept mille fois supérieur à la rapidité de ce même boulet. Après cet exemple, je pourrais me dispenser de vous en fournir d'autres; et cependant en voici un qui se présente presque naturellement à l'imagination.

Je veux admettre pour un instant qu'un coq-d'inde ou une oie puisse voler à une certaine hauteur et se soutenir dans les airs, messieurs les astronomes diront-ils que cet oiseau de basse-cour pourrait atteindre une hirondelle qui prendrait l'essor du côté de l'orient? que le coq-d'inde et l'hirondelle se dirigent tous deux vers le même point et partent à la même minute; l'hirondelle parcourrait une distance de cent lieues, pendant que le dinde ferait dix lieues au plus. Dans l'espace que je vous ai proposé, l'hirondelle représente le mouvement de la terre, et le coq-d'inde figure la boule dont je parlais tout à l'heure. Ainsi, vous le voyez, je vous donne des preuves concluantes et que tous les astronomes seraient, je crois, fort embarrassés de combattre et de réfuter.

CINQUIÈME ENTRETIEN.

Aucun de mes interlocuteurs n'ayant élevé d'objection, bien qu'ils ne parussent pas très-convaincus, je voulus les forcer dans leurs retranchements, et leur dis :

— Messieurs, voici encore une preuve qui vient corroborer celles que je vous ai déjà fournies. Nous savons tous que les nuages sont parfaitement indépendants de la terre. Cependant les montagnes et les rochers exercent sur eux une attraction pareille à celle que l'aimant exerce sur le fer, puisque les nuages s'arrêtent plutôt sur les montagnes les plus élevées que sur les plaines. Dans les temps calmes, c'est-à-dire lorsqu'aucun vent ne souffle, ils demeurent stationnaires, et souvent plus de douze heures dans une immobilité complète ; on dirait qu'ils sont là pour garder les rochers. De ce fait, je conclus que si la terre tournait d'orient en occident, elle aurait abandonné, dans l'espace d'une minute, les nuages qui s'arrêtent sur le haut des montagnes ; car la terre aurait une marche régulière, tandis que les nuages n'en ont pas, attendu que le vent seul les pousse tantôt du nord au midi , tantôt de l'orient à l'occident ; de sorte que lorsque les vents retiennent leur haleine, les nuages demeurent immobiles sur nos têtes, comme un vaisseau en pleine mer, lorsque le vent lui manque , reste parfois deux ou trois jours en panne, jusqu'à ce que le vent le délivre de cette situation et lui fasse poursuivre sa route. Je le répète donc , Messieurs, tout être doué de raison ou qui veut ouvrir les yeux à la lumière, voit marcher le soleil, la lune et les étoiles; la terre ne pourrait pas tourner sans que son mouvement fût perceptible comme la marche du soleil et de la lune.

— Monsieur, me répondit-on , tous ces mouvements que vous remarquez dans la lune, les étoiles et le soleil, n'ont rien de surprenant. Ils sont le résultat de la rotation de la terre , laquelle a son mouvement d'orient en occident. Un bateau à vapeur descendant un fleuve vous présentera le même contraste. Vous croiriez voir les arbres et les maisons qui bordent le rivage se diriger du côté opposé, c'est-à-dire vers l'occident ; cependant ces maisons et ces arbres ne bougent pas de place. J'ajouterai que les nuages , lorsqu'ils sont en mouvement, vous paraîtront, à vous qui serez sur ce bateau, marcher bien plus rapidement que si vous étiez à terre.

— Ces arguments , que vous m'opposez, répliquai-je, viennent, au contraire, à l'appui de mes convictions. Puisque la terre , dans son mouvement de rotation journalière, parcourt six lieues un quart par minute, et que son mouvement de translation est, en vitesse moyenne, de 412 lieues par minutes , et qu'un auteur d'un grand talent, d'après les calculs de ses devanciers, calculs basés sur des rêves, fait parcourir à la terre autour du soleil, dans l'espace d'une année, une courbe qui peut être comparée à une ellipse ; ce qu'elle exécute avec une rapidité telle, qu'elle fait 333,333 lieues par minute. Quelle est donc la force qui imprimerait à la terre une pareille vitesse, tandis que les nuages les plus légers feront tout au plus 12 à 15 lieues par heure, en admettant que le vent leur soit favorable. Il existe trop de différence entre ces deux rapports, trop peu de proportion, pour que la raison puisse se concilier avec tant de folie.

Ainsi, la rapidité d'un boulet de canon serait plus de 500 fois inférieure à ce prétendu mouvement de la terre autour du soleil. Si cette vitesse de mouvement était réelle, le genre humain serait détruit ; car la rapidité de l'air couperait la respiration aux hommes. Je n'en chercherai pas d'autre preuve que celle tirée d'un boulet de canon. Ce boulet, quoique la rapidité de sa course soit bien inférieure à celle de la terre, imprime à l'air une telle force, que s'il passe devant la tête d'un homme, il lui coupe la respiration et lui ôte la vie. Je citerai à ce sujet un fait dont j'ai été témoin : Un boulet passe près du bras d'un nommé Faure, soldat dans la 4e légion, sans le toucher ; cependant le bras de cet homme fut tourné, en sorte que la saignée se trouva à la place du coude. Si telle est la force que le boulet produit dans l'air, le mouvement de translation de la terre produirait donc une force six mille fois plus grande.

Monsieur, continuai-je, en m'adressant à la personne qui avait pris la parole le moment d'auparavant, je veux employer les mêmes arguments que vous m'avez posés. Vous disiez tout à l'heure qu'en voyageant sur un bateau à vapeur, tout ce qui se trouve sur le rivage, arbres et maisons, paraissent se diriger du côté opposé. Nous ne pouvons nier ce fait, puisque nos yeux le voient. Mais, à mon tour, j'en conclurai que le même résultat a lieu en haut comme en bas. Si donc la terre tournait d'occident en orient, nous verrions marcher les nuages du côté opposé, c'est-à-dire vers l'occident, avec la rapidité que devraient leur imprimer les divers mouvements de la terre; c'est pourtant ce qui n'a pas lieu. Par un temps calme, les nuages restent dans une immobilité complète; cela seul suffirait pour prouver que la terre ne tourne pas. Car, autrement, les nuages nous paraîtraient constamment se diriger avec rapidité vers l'occident. Cependant, lorsque nous sommes sur un bateau à vapeur ou dans un wagon de chemin de fer, nous voyons les nuages; bien qu'ils soient immobiles, ils nous paraissent toujours en mouvement. Cela provient de la marche du bateau ou du wagon; mais le même résultat se produirait pour nous, quand nous sommes sur la terre, si la terre tournait comme le prétendent nos savants.

SIXIÈME ENTRETIEN.

Je pourrai, Messieurs, dis-je en suivant ma pensée, vous fournir une autre preuve, à peu près de la même nature que la précédente. Vous avez tous vu, sans doute, comme moi, une vigne, de la contenue d'un hectare, supporter à elle seule tout le fléau de la grêle. Le cultivateur qui perd ainsi en une minute tout le fruit du travail d'une année, et qui voit tous ses voisins préservés de ce désastre, peut croire qu'il a offensé Dieu et que ses fautes lui ont mérité cette punition. Or, il ne faut qu'une très-petite dose de jugement pour comprendre que si la terre tournait de six lieues un quart par minute, on n'aurait jamais la grêle à redouter. Lorsqu'une seule vigne subit ce fléau, c'est par un temps calme; car autrement le nuage se trouverait placé entre deux courants d'air. En admettant que la grêle tombe pendant l'espace d'une minute, elle aurait parcouru dans sa chûte six lieues un quart, puisque la terre parcourt, elle aussi, six lieues un quart dans une minute. Or, si la terre tournait, dans l'espace d'une seconde, toutes les propriétés seraient hors de danger, puisqu'elles passeraient rapidement sous la grêle ; le préjudice serait presque nul.

Supposons qu'un homme soit condamné à recevoir mille coups de verge ; on dira c'est un homme mort. Mais si 999 personnes s'offraient à partager la punition, et à recevoir chacune un coup, le châtiment ne serait plus rien, et la santé de chacun des suppliciés n'en serait pas altérée.

Il en serait de même de la grêle, si la terre tournait ; elle ne détruirait la récolte d'aucun cultivateur. Car toutes les fois qu'il tombe de la grêle, les nuages ne sont pas immobiles ; cela ne peut avoir lieu que dans les temps calmes, alors que les nuages se trouvant pris entre deux courants d'air, ne peuvent ni avancer, ni reculer, et demeurent immobiles dans l'atmosphère. La grêle tombant sur une seule propriété est une preuve flagrante que la terre ne tourne pas.

Quand les nuages marchent, la grêle peut ravager une commune entière, et quelquefois même plusieurs ; cela dépend de la vitesse de la marche du nuage. Plus cette marche est lente, plus la grêle occasionne de ravages dans les localités où elle tombe. Mais si la terre tournait, on n'aurait rien à craindre du fléau de la grêle, soit que les nuages marchassent, soit qu'ils restassent dans un état d'immobilité.

Si, comme on nous le dit, la terre avait tant de
mouvements, quel est l'homme qui ne le comprendrait
et qui demeurerait dans l'incertitude à l'égard de la
mobilité ou de l'immobilité de la terre, lorsque la réalité serait patente et pourrait se toucher du doigt? Si la
terre était mobile, on s'en apercevrait, et la vitesse de
sa rotation nous serait exactement démontrée.

Placez à l'orient un établissement, une usine, qui produise beaucoup de fumée, la ville étant à l'occident et
à la distance de 1,000 mètres du tuyau d'où s'exhale
la fumée. On sait que, par un temps calme, la fumée
s'élève en ligne droite dans les régions atmosphériques.
Si donc la terre marche, la fumée formera une traînée
à la suite de la cheminée, dès l'instant où les fourneaux
seront allumés, et les maisons placées en ligne directe
vis-à-vis l'objet d'où part la fumée, doivent atteindre
cette même fumée dans l'espace d'une seconde. A Tré-
voux, par exemple, par un temps calme, lorsqu'on
aperçoit de loin la fumée d'un bateau à vapeur, à tra-

vers les peupliers qui bordent le rivage, on en tire cette conséquence que le bateau approche. Cependant on ne le voit pas encore, mais on conjecture qu'il n'est pas éloigné, par la traînée de fumée qui suit la cheminée du bateau. Si le temps est calme, on pourrait aisément dire combien le bateau a parcouru de toises en une minute, à en juger par la fumée qui est demeurée une minute le long de la Saône. Si le bateau ne marchait pas, la fumée monterait dans l'air en ligne droite, et ne produirait point de traînée.

Le même resultat devrait donc se manifester par rapport à la terre, puisqu'elle glisse dans l'air comme la vapeur sur l'eau, et dès-lors la fumée des maisons devrait avoir, dans les temps calmes, une traînée de fumée à la suite des cheminées, de même que les bateaux à vapeur; toujours en admettant que la terre soit mobile.

J'ai une maison à 100 mètres de distance d'un four à chaux, et tournée à l'occident; ma maison, aussi bien que le four à chaux, faisant partie de la terre, tous deux doivent suivre son mouvement. Le temps est calme, et pourtant ma maison est toujours à une distance égale de la fumée, laquelle monte en ligne droite dans l'atmosphère. Si la terre tournait, la maison, en suivant son mouvement vers l'orient, rencontrerait à l'instant la fumée qui se trouverait à son passage, et ceux qui habiteraient cette même maison seraient exposés au désagrément d'être continuellement incommodés par la fumée, jusqu'à ce que le feu soit éteint.

Je crois que s'il en était ainsi, on aurait promulgué

une loi qui défendrait de placer à l'orient et au-devant d'une ville tous les établissements, usines, etc. qui produisent beaucoup de fumée, à cause de l'incommodité qu'ils procureraient. Que l'intelligence humaine est peu de chose, si l'on admet le système de rotation de la terre; mais il n'en est pas ainsi.

— Monsieur, m'objecta l'un de mes auditeurs, vos paroles sont blessantes pour les auteurs du nouveau système planétaire. Les recherches qu'ils ont faites dans les écrits des philosophes de l'antiquité, jointes à leurs propres observations, les ont amenés par des inductions positives à reconnaître le mouvement de la terre.

— Je ne vous répondrai qu'une seule chose, répliquai-je aussitôt, si les savants dont vous parlez avaient sérieusement réfléchi, ils auraient dû remarquer qu'en temps calme les nuages sont immobiles, ou à peu près; qu'à peine font-ils une lieue en douze heures, et qu'ainsi il est facile de ne pas les perdre de vue. Cependant, d'après les astronomes, la terre aurait parcouru 4,500 lieues en 12 heures; dès lors il deviendrait impossible que ces mêmes nuages se trouvassent au-dessus de nous, puisque, faisant partie de la terre et suivant son mouvement, nous serions en six heures dans un autre hémisphère, par conséquent éloignés de 2,025 lieues des nuages qui sont demeurés dans l'atmosphère sans changer de position. Or, il est bien évident que si la terre tournait, en dix minutes nous cesserions de voir les nuages qui erraient dans l'atmosphère au-dessus de nos têtes.

Je veux, Messieurs, vous fournir une nouvelle preuve, car je tiens à désabuser les personnes qui sont dans l'erreur, et à convaincre celles qui doutent. Rien de plus commode que de suivre la croyance vulgaire, on ne risque pas de se créer des ennemis, tandis qu'en faisant entendre le langage de la vérité, on s'expose souvent au ridicule ou à l'animadversion. Les hypocrites, de même que les indifférents, flattent toutes les passions et toutes les erreurs, soit par faiblesse, soit par calcul. L'homme qui se passionne pour la vérité ne craint pas de manifester sa pensée ou ses opinions. Pardonnez-moi cette digression qui m'a écarté de mon sujet. Je reviens à la preuve que je vous ai promise. On nous dit que la terre tourne à l'orient ; trouvez-moi un homme dans l'univers qui soit capable de démontrer la rotation de la terre ? Si elle était mobile, elle pourrait tourner dans tous les sens, au midi comme au nord, à l'orient comme à l'occident, attendu que l'air change souvent et que la terre est dans la même atmosphère. Veut-on savoir de quel côté elle tourne, ou si elle est immobile ? Supposons un feu d'artifice préparé sur un pont et la rivière bordée de deux rangées de maisons. Prenons, par exemple, le pont Tilsitt, à Lyon ; les maisons des deux quais, la cathédrale de St-Jean et le côteau de Fourvière sont plus élevés que le feu d'artifice. Placez deux bataillons en face l'un de l'autre, sur les deux quais opposés, l'un à l'orient, l'autre à l'occident ; les soldats faisant le simulacre d'une petite guerre, dirigent les fusées les uns contre les autres ; ceux qui se trouvent à l'orient contre ceux placés à l'occident. Les feux se croisant font jonction au milieu de la Saône , en moins d'une seconde. De quelque côté que tournât la terre , elle rencontrerait dans son chemin les feux étoilés qui échoueraient contre les maisons , soit à l'est , soit à l'ouest. De sorte qu'on ne pourrait se mettre à une fenêtre sans s'exposer à être brûlé.

Supposez maintenant que le feu d'artifice soit dressé dans une plaine , et mettez deux bataillons en face l'un de l'autre ; les soldats feraient un feu de file qui durerait une minute. Pendant ce court espace de temps , la terre aurait parcouru six lieues un quart , et les fusées étoilées occuperaient cette distance dans l'atmosphère. Or, ce que nous voyons chaque jour est tout l'opposé. Les fusées tirées par les soldats placés sur les deux rives opposées de la Saône , demeurent au milieu de la rivière jusqu'à ce que leur éclat ait disparu. Ceci prouve parfaitement, à mon avis , que la terre est immobile et que chaque chose obéit uniquement à la force qui lui est communiquée et qui la dirige.

HUITIÈME ENTRETIEN.

— Vous m'accusez sans doute, Messieurs, de lasser votre attention ; mais j'ai à cœur de vous convaincre. Permettez-moi donc de continuer à vous donner des preuves matérielles à l'appui de l'opinion que j'ai émise sur l'immobilité de la terre.

Nous avons lancé un ballon en papier dans une cour de huit mètres carrés. Ce ballon est monté dans l'atmosphère en ligne directe, sans toucher les murs dont la cour était environnée de tous côtés. Cependant, si la terre avait eu un mouvement quelconque de rotation, le ballon aurait été entraîné par les murailles, soit d'un côté, soit de l'autre, tandis que nous l'avons vu se diriger vers l'occident.

Une autre fois, j'ai vu partir du Jardin-des-Plantes de Lyon un superbe ballon en soie, dirigé par un italien. Ce ballon prit sa direction à l'orient ; il s'éleva dans l'air et demeura stationnaire l'espace de deux heures au-dessus des nuages qui étaient en ligne droite du côté des Brotteaux. L'aréonaute avait annoncé qu'il gouverne-

rait son ballon à volonté. En effet, il l'a contenu pendant deux heures dans cette position, et le ballon est
descendu vers les Brotteaux. Cela ne s'appelle pas gouverner un ballon ; pour que l'aéronaute tînt sa promesse, il aurait fallu que le ballon redescendît au Jardin-des-Plantes, d'où il avait été lancé.

En admettant le mouvement journalier de la terre,
elle aurait parcouru en deux heures 750 lieues, pendant que le ballon demeurait immobile dans l'atmosphère, et durant cet espace de temps, le ballon aurait
été éloigné de 750 lieues du Jardin-des-Plantes, puisque
notre ville suivant le mouvement de la terre, dont elle
fait partie, se serait trouvée dans un autre hémisphère,
et que le ballon, au contraire, ne faisant point partie de
la terre, aurait été tout à fait indépendant du mouvement de celle-ci.

J'ai vu partir plus de vingt ballons ; chacun d'eux a
pris une direction différente ; ceux-ci au nord, ceux-là
au midi ; ceux-ci à l'est, ceux-là à l'ouest. Ce qui
prouve qu'ils suivent tous la direction imprimée par le
courant d'air qui les dirige, et que le ballon n'est point
entraîné par la terre, laquelle n'a pas de mouvement.
Je me rappelle, entre autres faits, avoir été témoin du
départ d'un ballon, par un temps calme. Ce ballon,
après s'être élevé à une hauteur d'environ 100 mètres,
retomba dans le clos d'où il avait été lancé. Si la terre
était mobile, le ballon, n'eût-il demeuré que dix secondes pour monter et redescendre, serait tombé à
deux lieues loin du clos.

NEUVIÈME ENTRETIEN.

— Monsieur, me dit un de mes interlocuteurs, les
preuves que vous apportez ont bien quelque poids,
mais je crois que les raisons que nous pouvons leur
objecter ne sont pas non plus sans mérite. La terre a la
forme d'un globe; il n'en faut pas d'autre preuve que
les éclipses pendant lesquelles son ombre paraît continuellement circulaire sur le disque de la lune.

— Je vous répondrai, Monsieur, répliquai-je, qu'à
cet égard l'homme est tombé dans une erreur si profonde, que la postérité s'en étonnera et aura peine à
croire qu'on ait pu admettre un pareil système. Il est
temps que l'intelligence, aidée de la raison, détruise
tous ces rêves, toutes ces folies qui ont fait tant de
progrès parmi les hommes, lesquels aiment mieux croire
aveuglément que réfléchir. J'avoue que si, comme on
le prétend, l'ombre de la terre tombait circulairement
sur le disque de la lune, ce serait une preuve manifeste
que la terre a la forme d'un globe et qu'elle est mobile
ainsi qu'on nous le dit. Mais il n'en est pas ainsi, et je

vais vous le prouver. En supposant que la terre soit la cause des éclipses de lune et que l'ombre de la terre tombe toujours circulaire sur la lune, il deviendrait alors impossible de nous démontrer la distance de la lune à la terre au moment des éclipses, puisque la terre serait placée entre le soleil et la lune. On ne pourrait pas nous dire que celle-ci est élevée de 86,000 lieues au-dessus de nous, et ce serait tout l'opposé. Il est facile de comprendre qu'il faudrait que la terre fût élevée de 100 lieues au moins au-dessus de la lune pour lui masquer le soleil; et cependant nous sommes tous assurés de voir la lune au moment des éclipses, ce qui prouve que l'ombre de la terre ne tombe pas sur la lune.

Si nous étions placés entre le soleil et la lune, et que la terre interceptât la lumière du soleil, la terre devrait alors être éclairée au moment de l'éclipse, puisque nous recevrions la lumière à la place de la lune. Nous devrions alors voir le soleil et ne pas voir la lune; or, c'est le contraire; nous voyons la lune et nous ne voyons pas le soleil. Tant il est vrai que nous ne pouvons être en bas et en haut. De telles vérités, ce me semble, ne sont pas susceptibles de contestations.

—Monsieur, me répondit la personne qui avait pris la parole le moment d'auparavant, à un point de vue je partage votre opinion ; mais, d'un autre côté je ne puis l'admettre. Vous n'ignorez pas que les éclipses nous sont annoncées à date fixe, à heure précise, sauf quelques minutes près. S'il en était autrement que les astronomes ne le prétendent, comment pourraient-ils annoncer les éclipses avec tant de précision ? Vous n'admettez pas que la terre se trouve entre le soleil et la lune, et que ce soit l'ombre de la terre qui tombant circulaire sur la lune , produise les éclipses de lune. Vous détruisez ainsi les preuves de la sphéricité de la terre.

— Je vous objecterai, Monsieur, répondis-je, que les éclipses étaient connues dans l'antiquité, et avant que l'on eût admis la rotondité de la terre. Les éclipses sont toujours les mêmes. Depuis que l'on a prétendu que la terre était ronde et qu'elle tournait. Ceci doit vous démontrer que vos astronomes sont dans l'erreur. Je persiste à soutenir que ce n'est point l'ombre de la terre qui produit les éclipses de lune. Si la terre se trouvait placée entre le soleil et la lune, ainsi qu'on veut le prétendre, la terre tournant d'occident en orient, ces deux planètes se croiseraient, puisque la terre a sa rotation vers l'orient. Ce serait alors la partie occidentale du disque de la lune qui se trouverait éclipsée la première, et la fin de l'éclipse se terminerait par la partie orientale de ce disque. Or, ce que nous voyons est l'opposé.

Nous avons des preuves certaines qu'à 9 heures du soir le soleil est à l'occident. Il est donc de toute évidence qu'il en serait comme je l'ai dit; c'est-à-dire, que la pénombre de la terre se dirigeant vers l'orient en suivant le mouvement de rotation, ce serait la partie occidentale du disque de la lune qui se trouverait éclipsée la première. A la moitié de l'éclipse, nous devrions voir la moitié de la partie occidentale de la lune dégagée de la pénombre, et cette moitié devrait être visible pour nous, puisque le soleil à 9 heures du soir, est à l'occident; au contraire, la moitié de la partie orientale du disque de la lune devrait se trouver dans l'ombre, puisqu'on place la terre entre le soleil et la lune et que le soleil est à l'occident. Cependant, ce dont nous sommes témoins oculaires est l'inverse. La partie orientale de la lune est éclipsée la première, et l'ombre qui obscurcit son disque augmente de minute en minute jusqu'à la fin de l'éclipse, en se dirigeant vers l'occident. J'ai vu plusieurs éclipses de lune, entr'autres, une à 9 heures 1/2 et une à 11 heures du soir. Toujours la partie orientale du disque de la lune a été éclipsée la première, et la partie occidentale a été visible pour nous jusqu'à la fin de l'éclipse. A la moitié de l'éclipse, la partie occidentale de la lune se trouve dans l'ombre, tandis que la moitié de la partie orientale est visible. Ceci prouve parfaitement qu'il faut que le soleil soit à l'orient à 9 heures et demie du soir pour que la partie occidentale de la lune soit la première éclipsée, puisque les astronomes placent la terre entre la lune et le soleil.

Nous savons que la partie lumineuse de la lune est toujours tournée du côté du soleil et peut servir à indiquer la marche du soleil. Si le système des astronomes était fondé et si la terre était entre le soleil et la lune, ce serait la partie lumineuse de la lune qui serait éclipsée la première, puisqu'elle est toujours tournée du côté du soleil.

Les astronomes qui ont imaginé les mouvements de la terre n'auraient pas dû oublier les deux mouvements principaux de descente et d'ascension ; ils devaient les ajouter aux autres , ce qui en aurait porté le nombre à neuf. Puisque ces deux mouvements n'ont pas été reconnus par eux , messieurs les astronomes ne sont pas recevables à prétendre que la terre est placée entre la lune et le soleil. Car il est évident qu'il faudrait que, dans son mouvement d'ascension , la terre s'élevât à la hauteur de 86,100 lieues , c'est-à-dire à 100 lieues au-dessus de la terre pour lui marquer la lumière du soleil.

Pourrait-on dire qu'un mouton , lequel serait au pied d'une montagne , interceptât au sommet de cette montagne la lumière du soleil , et lui procurât de l'ombre. On se récrierait avec raison , en disant que c'est impossible. Cependant la montagne ne s'élève que d'une lieue au-dessus de ce mouton , tandis que la lune a 86,000 lieues d'élévation au-dessus de la terre ; il serait donc impossible à la terre de projeter une ombre sur la lune, à moins de deux mouvements de plus. Toutes les ombres sont produites par des objets élevés au-dessus de la terre ; les arbres , les maisons projettent une ombre ; l'homme produit une ombre derrière lui lorsqu'il est devant le soleil. En admettant que le soleil fût à l'orient à neuf ou dix heures du soir (il faudrait qu'il en fût ainsi puisque la partie orientale du disque de la lune est éclipsée la première , et que d'après un astronome , la terre , dans son mouvement annuel, décrit autour du soleil 333,333 lieues par minute), l'éclipse durerait environ une seconde, puisque l'ombre de la terre passerait sur la lune avec une incroyable rapidité. Ainsi la pénombre de la terre ne pourrait demeurer deux heures sur la lune , et suivrait la marche de la lune vers l'occident , puisque la terre va à l'orient.

Messieurs , je dois vous dire quelle est la véritable cause des éclipses de lune : c'est un ciel gazeux qui a sa rotation de l'orient à l'occident , de même que le soleil et la lune. La vîtesse de sa rotation est supérieure à celle de la lune , elle égale en rapidité la marche du soleil. Ce ciel gazeux se trouvant sur la même ligne que la lune et sa marche étant supérieure , il atteint la lune à neuf heures dix-huit minutes du soir. La partie orientale du disque de la lune se trouve éclipsée ; la partie occidentale reste visible pour nous , tandis que la partie orientale est dans l'ombre. Cette ombre augmente de minute en minute , jusqu'au milieu de l'éclipse. Alors , la moitié de la partie orientale de la lune se montre à nos yeux , et son volume de lumière s'accroît jusqu'à la fin de l'éclipse. Je soutiens que le soleil n'est point à l'orient à neuf heures du soir , que par conséquent la partie orientale du disque de la lune ne peut pas être éclipsée la première , puisqu'à neuf heures du soir le soleil est à l'occident. De pareilles preuves sont des pièces de conviction et ne sauraient être révoquées en doute.

Quand il y a éclipse de soleil , la lune est entre le soleil et la terre ; nous le voyons clairement. Les astronomes ont imaginé qu'il en devait être de même à l'égard de l'éclipse de lune ; que la terre se trouvait alors entre le soleil et la lune. Cela venait à l'appui du mouvement de la terre. Nos savants auraient dû comprendre , par les éclipses de soleil , que cet astre n'est pas immobile au centre de la terre. J'ai vu plusieurs éclipses de soleil. La lune marchait toujours la première et se dirigeait à l'occident , et le soleil était beaucoup en arrière de la lune. Mais , par la supériorité de sa marche , il atteint la lune à la fin de l'éclipse et la devance bientôt ; alors ils suivent tous deux leur mouvement de rotation sur l'ouest. Si le soleil était immobile au centre de la terre , il aurait fallu que la lune ne suivît pas sa direction à l'ouest ; qu'elle s'arrêtât pour faire demi-tour et rétrograder vers l'est pour aller éclipser le soleil qui était derrière elle. Or, c'est l'opposé ; c'est le soleil qui est venu se faire éclipser par la lune.

Si le soleil était immobile au centre de la terre , la lune , suivant sa rotation de l'orient à l'occident, rencontrerait le soleil en chemin. On comprend que ce serait toujours la partie orientale du soleil qui serait éclipsée la première ; cependant nous voyons le contraire. Ceci est une nouvelle preuve que la terre ne tourne pas, et que le soleil marche , aussi bien que la lune et les étoiles.

Ce qui étonne le vulgaire , c'est la précision avec laquelle les éclipses sont annoncées , à heure fixe et à quelques minutes près. C'est là l'un des moindres talents des astronomes , et c'est pourtant ce qui contribue le plus puissamment à donner tant d'autorité à leur science. Les astronomes tiennent des registres où toutes les éclipses de lune et de soleil sont consignées aussitôt qu'elles ont eu lieu. Comme le retour de ces éclipses est prévu , et qu'elles doivent se manifester de nouveau après dix-huit ans onze jours et tant de minutes et de secondes , elles reparaissent à cette époque. Ce qui fait qu'on peut annoncer les éclipses à heure fixe , c'est la régularité de la rotation du soleil et de la lune.

On croit généralement que c'est au moyen des calculs mathématiques que l'on est parvenu à connaître et à préciser le retour périodique des éclipses ; ceci est une erreur dans laquelle beaucoup de gens sont tombés. Peu importe que l'on compte le retour des éclipses par heure ou par jour. Si une éclipse est annoncée pour telle date du mois de décembre , moment de l'année où nous avons quinze heures de nuit , les éclipses qui auraient lieu pendant ces quinze heures seraient invisibles pour nous ; car il faut, pour que nous voyons une éclipse de soleil , que cet astre , au moment de l'éclipse , soit sur l'horizon.

DIXIÈME ENTRETIEN.

Vos preuves, me dit alors un de mes auditeurs, en ce qui concerne les éclipses, me paraissent justes. Cependant, lorsque deux vaisseaux se rencontrent sur mer, on découvre la partie supérieure de la mâture, tandis que le corps de chaque bâtiment se trouve caché par la convexité du globe qui s'élève entre les deux vaisseaux. Ceci prouverait que la terre est ronde comme une boule, et d'ailleurs cette rotondité est affirmée par tous les savants.

— Les savants, répondis-je, ne sont pas plus exempts d'erreurs que le vulgaire. Ce que vous dites de deux navires qui se rencontrent en mer ne saurait être pour nous une objection sérieuse. La raison est que l'eau atteint un juste niveau sur mer comme sur terre. De sorte que l'eau ne peut s'élever entre deux bâtiments éloignés de sept à huit lieues l'un de l'autre. L'horizon borne notre vue ; le fluide augmente l'horizon à une hauteur de cinq ou six mètres ; c'est ce qui double le volume de l'horizon en bas ; ce volume est plus faible à une élévation supérieure. C'est ce qui nous permet d'apercevoir la mâture d'un navire, tandis que nous ne voyons pas le corps du bâtiment à une distance de huit à dix lieues.

L'horizon abaisse tous les objets à une certaine distance, excepté les étoiles qui sont au-dessus de nos têtes. Il n'est donc point surprenant de voir dans l'éloignement la mâture d'un navire, tandis que le corps de ce même navire étant abaissé par l'horizon, se trouve éclipsé. Notre vue ne s'étendant pas au-delà de trente à quarante lieues, quelle que soit la hauteur d'une montagne, à peine peut-on la distinguer, par rapport à l'abaissement de hauteur que produit l'horizon. Avec des instruments, on pourrait la voir de plus loin. Il en est de même de tous les objets, de tous les corps, à la réserve du soleil et de la lune que nous découvrons à la distance de huit cents lieues environ, soit à l'orient, soit à l'occident. Et je ne parle pas ici de l'élévation de ces deux astres, lorsqu'ils sont à l'orient. Car alors leur partie occidentale se montre à notre vue, tandis que la partie orientale est abaissée par l'horizon.

Lorsqu'un vaisseau est en pleine mer, les marins voient se lever le soleil ; on dirait qu'il sort du sein des flots. Dans l'espace de cinq minutes, tout le volume de cet astre est visible ; on croirait de loin voir un globe de feu. Ce qui fait paraître le soleil rond comme une boule c'est l'abaissement de sa partie orientale, produit par l'horizon. Mais à mesure qu'il s'approche de nous, cette illusion se dissipe, et la véritable forme du soleil se révèle ; il en est de même de la lune. Nous pouvons reconnaître qu'ils sont plats et ronds. Le même résultat se produit au lever et au coucher de ces deux astres.

Au surplus, il est facile de se convaincre de cette vérité. Lorsque le ciel est à peu près serein , et que les nuages sont écartés les uns des autres dans l'atmosphère, la partie des nuées qui se présentera à notre vue nous semblera plus élevée , tandis que la partie opposée à notre vue paraîtra avoir une pente comme un toit. Plus les nuages occuperont d'espace dans l'atmosphère , plus la partie des nuages placés en sens opposé nous paraîtra abaissée par l'horizon.

Souvent , lorsqu'un navire est en mer , on aperçoit des nuages à la distance de sept ou huit lieues ; on dirait une chaîne de montagnes où les rochers seraient superposés , tandis que les nuages qui se trouvent du côté opposé sont abaissés par l'horizon et semblent toucher la mer. Cependant nous voyons un nuage comme une montagne ; mais , à vrai dire , les vaisseaux étant sous ces mêmes nuages , on ne voit plus la même chose. En regardant en l'air, on voit une étendue de ces nuages qui paraît plate dans l'atmosphère ; à une certaine distance , on croirait apercevoir les limites de la terre ; il semble que le ciel touche la mer ; c'est l'horizon.

Ainsi , le soleil dont le volume est plus considérable et occupe plus d'espace que les nuées , puisque sa largeur est de trois cents lieues environ , doit être plus abaissé par l'horizon que ne le sont les nuages ; c'est là ce qui nous le fait voir rond comme une roue de voiture , et c'est ce qui induit en erreur les hommes de science. Car la partie qui se montre la première à nos yeux nous paraîtra toujours plus élevée , et le côté opposé nous paraîtra toujours plus abaissé par l'horizon ; cela a lieu par rapport aux nuages et par rapport au soleil.

—Monsieur, me répliqua la personne qui m'avait déjà formulé plusieurs objections , je ne répondrai point à ce que vous venez de dire. Je vous ferai seulement observer que vous êtes dans l'erreur à l'égard du volume du soleil ; à votre avis, cet astre n'aurait que trois cents lieues dans sa largeur, par conséquent neuf cents lieues de circonférence. Cependant , vous ne devez pas ignorer qu'à l'aide des mathématiques , on est parvenu à savoir au juste la distance qu'il y a de la terre au soleil, à la lune et aux étoiles. Par ce moyen , il est facile aux astronomes de peser le soleil et la lune comme s'ils les tenaient dans leurs mains. Ils savent, à cinquante grammes près , le poids exact de la terre ; ils vous diront, sans s'écarter de deux litres, la quantité d'eau que contiennent les mers. Ils vous diront encore que le volume du soleil est treize millions de fois plus considérable que celui de la terre ; ils vous apprendront le poids de l'air qui circule dans l'univers ; ils vous prouveront qu'une colonne d'air atmosphérique pèse autant qu'une colonne d'eau de même volume. Ils ont calculé que le poids de l'air qui presse le corps d'un homme de taille moyenne équivaut à dix-huit mille cinq cents kilogrammes. Quant à moi, j'ai pleine et entière confiance dans les hommes d'une science féconde en découvertes toujours nouvelles qui confondent l'intelligence et étonnent la société.

—Monsieur, repris-je, moi aussi je respecte les hommes qui s'appliquent à la science, lorsqu'ils consacrent leurs talents à l'instruction des autres hommes ; mais s'ils ne les emploient qu'à induire le vulgaire en erreur, je ne suis pas assez hypocrite pour leur donner un renom qui n'est pas mérité. Tout ce que vous venez de dire n'est point article de foi ; ma conscience et ma raison refusent toutes deux de l'admettre. Si vos savants connaissent le poids de la terre, je ne m'étonne pas qu'ils puissent dire combien de litres d'eau renferment les mers. Qui sait l'une de ces deux choses, sait nécessairement l'autre. Mais je demanderai à ces mêmes savants s'ils pourraient nous dire quelle quantité de litres d'eau le Rhône et la Saône ont amené à Lyon, dans l'espace de dix jours, pendant l'inondation de 1840. Je suis convaincu que leurs calculs mathématiques se trouveraient en défaut, attendu qu'il est impossible de préciser la rapidité des deux fleuves, l'augmentation et la diminution, la profondeur et la largeur des deux rivières débordées. Cependant, toute cette quantité d'eau qui s'est écoulée pendant ces jours de désastre n'est qu'un litre par rapport à l'immensité de l'Océan. Comment peut-on s'assurer de la réalité de ce qu'ils avancent ? Ils poseront des chiffres, et évalueront à 50 millions de millions la quantité d'eau contenue dans les mers. Et l'on se montre incrédule si l'on conteste leur appréciation, ils vous répondront que vous n'avez pas confiance en eux ; vous êtes libre de vérifier l'exactitude de leur vue. Le moyen est simple, il ne s'agit que de mettre la mer en bouteilles. Comme personne n'est capable de prouver mathématiquement le contraire on passe condamnation et on donne raison aux savants.

Quant à ce qu'ils disent du poids de l'air qui presse le corps d'un homme, et qu'ils évaluent à 18500 kilog. j'avoue ingénûment que je me suis pesé plusieurs fois et je ne pesai que 65 kil. Il me semble pourtant que 18500 kil. d'air devraient presser le corps d'un homme dans la balance aussi bien que partout ailleurs , et que le poids de l'air devrait entrer pour quelque chose dans le poids de l'homme ; cependant il n'en est rien ; l'homme ne pèse pas un gramme de plus. L'homme aspire l'air tandis que son souffle le renvoie ; l'un attire, l'autre repousse. Un homme faible peut à peine supporter 15 ou 20 kilos sans que ses jambes plient, comment voudrait-on admettre qu'il supportât 18500 kilos qui presseraient son corps ? cela est impossible.

Je répondrai quelques mots au sujet de la grosseur que les astronomes donnent au soleil. Les uns disent que le volume de cet astre est 1,300,000 fois plus considérable que celui de la terre ; d'autres disent 1,331,000. D'autres encore évaluent ce volume à un millier de fois plus que celui de la terre. Ainsi les calculs de ces savants ne sont donc pas infaillibles , puisqu'eux-mêmes ne s'accordent pas entre eux. En prenant pour point de départ le chiffre le plus haut de cette évaluation et la circonférence de la terre qui est de 9000 lieues, le volume du soleil serait donc de 9 milliards. Mais le calcul le plus bas n'est pas plus exact que le plus haut. — L'un et l'autre ne sont qu'une absurdité.

ONZIÈME ENTRETIEN.

Au surplus, Messieurs, dis-je en continuant, je demanderai à tous vos savants s'ils peuvent être en même temps
géographes et astronomes, sans être en contradiction
avec eux-mêmes. Sans doute ils répondront qu'ils peuvent être l'un et l'autre. Prenant acte de cette déclara-
tion, je leur dirai : si vous faites une carte géographique
d'après l'immobilité de la terre, c'est donc une preuve
qu'elle n'a pas de mouvement; vous détruisez par ce
seul fait tout l'échafaudage de votre système. En effet,
si la terre tournait, vous ne pourriez pas démontrer sur
vos cartes que telle contrée est au nord ou au midi, puisqu'il n'existerait point d'orient ni d'occident, de nord
ni de midi. Homère, ce grand homme, que l'on a sur-
nommé le prince des géographes, a fait sa géographie
d'après le système de l'immobilité de la terre, et on a
trouvé tous les lieux désignés sur sa carte.

Si la terre tournait, les quatre parties du monde
changeraient de climats de six heures en six heures. Les
quatre points cardinaux, les villes et les bourgs change-

raient quatre fois de position en vingt-quatre heures. On pourrait retrouver sur terre ces villes et ces bourgs d'après les routes qui nous sont connues ; il n'en serait pas de même à l'égard de la navigation ; car les vaisseaux ne tracent pas plus de routes sur les flots que l'hirondelle dans les airs. Les marins n'ont d'autres guides pour se diriger vers le but de leur course que la boussole et la carte. Or, si la terre tournait, à quoi leur serviraient la carte et la boussole ? à rien, puisqu'il n'y aurait point de midi, de nord, d'orient et d'occident.

Si la terre tournait, les vaisseaux s'égareraient dans la mer ; la navigation serait impossible, à moins de connaître la rotation de la mer puisqu'elle fait partie de la terre.

Trente-deux bâtiments étaient partis de la rade de Cadix ; ils transportaient dans l'île de Cabrera les Français qui faisaient partie du corps d'armée du général Dupont, et que la capitulation de Baylen avait rendus prisonniers de guerre. Lorsque nous eûmes traversé le détroit de Gibraltar et que nous fûmes arrivés près de Malaga, nous fûmes assaillis par une horrible tempête ; on ne voyait ni soleil ni étoiles ; et les flots nous ballotèrent durant quatre jours. Enfin, quand la tourmente se fut un peu apaisée, nos marins parvinrent à gagner les ports les plus rapprochés ; les uns touchèrent à Gibraltar, d'autres à Carthagène, d'autres enfin à Alicante. Si la terre eût tourné, ces ports auraient changé de position, et il aurait été impossible d'y relâcher. Le bâtiment sur lequel je me trouvais suivit une marche rétrograde, et, à une heure du matin, nous entrâmes dans

la rade de Gibraltar. Le tonnerre ne cessa de gronder
toute la nuit; la lueur des éclairs brillait seule au milieu
de l'obscurité. Cependant, on fit voile en ligne directe
vers Gibraltar : ce qui n'aurait pu arriver si la terre eût
tourné. Au lieu d'entrer au port, le vaisseau se serait
brisé contre les rochers; et, d'ailleurs, une minute eût
suffi pour faire manquer l'entrée dans la rade, puisque
la terre, d'après les astronomes, fait six lieues un quart
par minute.

Je le répète donc, la navigation deviendrait impossible
si la terre tournait; car la carte marine serait sans utilité.
Si l'on découvrait le port ou l'île où l'on veut aborder,
le pilote n'aurait besoin ni de carte, ni de boussole;
il suivrait le mouvement de la mer, et, au moyen de la
voile, il arriverait à bon port. Mais il ne saurait en être
ainsi à l'égard d'un navire qui est destiné à un long trajet.

Il est évident aussi que, si la terre tournait, on aurait
fait la carte géographique conformément à la rotation
de la terre; et si la terre est immobile, les géographes
seraient tombés dans une grave erreur en dressant leurs
cartes d'après son immobilité. Je maintiens donc que si la
terre tournait réellement, il faudrait une carte de rotation
conforme au mouvement de la terre. Car autrement le
système admis par les astronomes ressemblerait à un
palais magnifique auquel il manquerait un escalier.
Puisque l'on n'a point fait de carte d'après le système
de rotation, c'est une preuve que la terre ne tourne pas.

En admettant le nouveau système planétaire, je vous
demanderai, Messieurs, où vous prendriez les cinq zônes :
la zône torride, les deux zônes tempérées et les deux

zônes glaciales. De quelque. manière que vous fassiez tourner la terre, ces cinq zônes telles qu'on nous les démontre, sont en opposition avec le mouvement de la terre, et les astronomes se condamnent encore eux-mêmes.

Les deux tropiques nous prouvent la marche du soleil. L'un de ces deux tropiques est dans l'hémisphère septentrional, et se nomme tropique du cancer ou d'été; l'autre se trouve dans l'hémisphère méridional, et se nomme tropique du capricorne, ou d'hiver. Le soleil, dans son mouvement annuel, parcourt tous les six mois ces deux tropiques; arrivé vers l'un, il redescend vers l'autre. Ces tropiques marquent les limites du soleil; il ne les dépasse pas. De même que l'Océan monte et redescend toutes les six heures, par le flux et le reflux, le soleil a ses flux et reflux de six mois du nord au midi; il y a reflux de la chaleur comme il y a reflux des eaux. Si la terre tournait, les jours et les nuits seraient de 12 heures, il n'y aurait pas six mois de jour et six mois de nuit, ainsi que cela se voit sous les pôles arctique et antarctique. Le centre de la terre serait la partie la plus froide et la plus obscure, puisqu'elle se trouverait la plus éloignée du soleil.

Nous savons que les vaisseaux passent les tropiques en moins de quinze jours. Dans ce trajet, ils passent sous la ligne du soleil, dont les rayons tombent d'aplomb sur les vaisseaux et occasionnent une chaleur insupportable. Le passage des vaisseaux sous la ligne du soleil doit suffire pour démontrer l'erreur de nos savants, à ce point de vue. Ils ont établi cinq zônes; une torride, deux tempérées et deux glaciales. On comprend, dès-lors, que le soleil, dans sa marche qui est la zône torride, partage les quatre autres zônes en deux, et dans ces zônes se trouvent des mers et des terres des deux côtés. Puisque nous passons sous le soleil pour aller dans une autre partie du monde, il est évident que si la terre, comme on veut le prétendre, tournait autour du soleil, à une certaine distance, elle ne pourrait passer sous cet astre; ceci est rationnel. Je place un cercle qui représente la zône torride : introduisons dans ce cercle ces seconds qui figurent les deux zônes tempérées, et dans le second un troisième qui représentera les deux zônes glaciales. J'attache une rangée de poulets au premier cercle figurant la zône torride, puisqu'il doit se trouver le plus voisin du soleil ; j'attache une autre rangée de poulets au deuxième cercle qui représente les deux zônes tempérées, et une troisième rangée au troisième cercle, lequel figure les deux zones glaciales. Si je demande ensuite à tous les savants quels sont ceux des poulets qui seront rôtis les premiers, ils répondront tous, sans hésitation, que ce sont ceux placés le plus près du feu. Ceci est très-clair : puisque le cercle tourne autour du feu, le premier rang de poulets attaché au cercle représentant la zône torride sera rôti le premier. Dans le second cercle, figurant les deux zônes tempérées, les poulets se trouvant plus éloignés du feu, mettront plus de temps à rôtir. Quant aux poulets attachés au troisième cercle représentant les zônes glaciales, ils ne pourront pas rôtir : à peine sentiront-ils l'action du feu.

Cette comparaison est aussi facile à saisir, à l'aide du seul

bon sens, qu'elle est décisive et concluante. J'en tire cette
conclusion que si la terre tournait autour du soleil, les
pôles seraient les parties les plus chaudes, et le centre
la partie la plus froide. Le résultat est le même, soit
que la terre tourne autour du soleil, soit que cet astre
tourne autour de la terre.

Tous les hommes qui ne feront appel qu'à leur jugement et à leur raison me comprendront et partageront
mon avis. Ceux, au contraire, qui s'en rapporteront à
l'instruction qu'on leur a donnée, ou qui se laisseront
aveugler par l'orgueil, de même que ceux qui ne voudront pas revenir sur les opinions qu'ils ont émises dans
quelques ouvrages publiés par eux, ne voudront pas
se rendre à l'évidence et feront de l'opposition systé-
matique. Ce qui n'empêchera pas que la vérité demeure
vérité. Au surplus, je démontrerai, la boussole en main,
et en la plaçant vis-à-vis la pointe d'une aiguille, que la
terre n'a pas bougé d'une ligne en cent mille ans. Elle
a éprouvé quelques commotions, quelques perturbations;
mais rien de plus.

DOUZIÈME ENTRETIEN.

Les astronomes prétendent que les marées dépendent
des positions combinées du soleil et de la lune, lesquelles influent particulièrement sur les eaux de la mer ;
ils ajoutent que l'action de la lune sur les marées est
trois fois plus forte que celle du soleil. A cet égard,
j'observerai que la lune étant une planète morte, qui
n'a d'autre chaleur et d'autre clarté que la chaleur et la
clarté qu'elle reçoit du soleil, ne peut avoir d'influence
sur les marées. Ce serait vouloir donner aux morts plus
de puissance qu'aux vivants. Si le soleil et la lune étaient
les causes des marées, le soleil y contribuerait seul,
puisque les rayons de cet astre procurent aux nuages une
force d'action pour pomper les eaux de la mer, tandis
que la lune n'a aucun moyen d'influence pour faire soulever les eaux.

On nous dit encore que les plus fortes marées ont lieu
à l'époque du renouvellement de la lune et lorsqu'elle
est dans son plein ; que ces deux actions se mettent en
mouvement pour soulever les eaux de la mer, tandis que

l'effet altéré de la lune ne produit que de faibles marées. Il est facile, dès-lors, de comprendre à combien d'inégalités les marées sont assujéties , puisque leur force dépend de l'éloignement du soleil et de la lune. Je ferai remarquer à ce sujet que les deux actions combinées du soleil et de la lune ne peuvent avoir lieu qu'à l'époque de la nouvelle lune et à la fin de son dernier quartier. Si l'action combinée de la lune et du soleil avait une influence telle qu'elle soulevât les eaux de la mer, les plus fortes marées devraient arriver au dernier quartier , comme à la nouvelle lune. Le soleil étant arrivé alors à la distance de six degrés de la lune, il devrait y avoir de fortes marées , comme au moment de la nouvelle lune. Le soleil en s'avançant au-dessus de la lune , c'est au moment où il en est le plus près ; il est évident qu'à cette époque, les deux forces combinées de la lune et du soleil devraient avoir plus d'influence pour soulever les eaux. Le soleil ayant dépassé la lune de six degrés lui envoie une partie de sa lumière qui forme un demi-cercle , et qui est la nouvelle lune.

On prétend que c'est la nouvelle lune et la pleine lune qui occasionnent les plus fortes marées. Le soleil étant à une distance de six degrés de la lune (soit la partie orientale , soit celle occidentale , la distance vis-à-vis de la lune étant la même des deux côtés) , il est évident que les marées devraient être aussi fortes à la fin du dernier quartier de la lune que dans la nouvelle lune , si la force d'attraction du soleil et de la lune était réellement capable de faire soulever les eaux de la mer. Le soleil s'éloignant chaque jour de la lune , les marées s'affaibliraient chaque jour. Pendant le premier quartier de la lune , le soleil en est éloigné de quatre-vingt-dix degrés , et de cent quatre-vingts pendant la pleine lune. L'éloignement de ces deux astres détruit la combinaison de leurs forces. Nos astronomes seraient fort embarrassés d'assigner la véritable cause des marées et de prouver la réalité de celle qu'ils ont imaginée.

Un auteur a dit que l'action du soleil favorisait les marées, mais que le soleil seul ne pouvait les produire. Ce même auteur dit aussi que tous les corps célestes exercent une attraction les uns sur les autres. La lune , lorsqu'elle passe au-dessus de notre hémisphère, soulève les mers par son attraction, et ce soulèvement produit des marées partielles. De son côté , le soleil en produit de la même manière. On peut voir que cet astronome est en contradiction flagrante avec lui-même.

On dit que le passage de la lune au méridien élève deux fois par jour les eaux de l'océan au-dessus de leur niveau et produit ainsi les marées. Il reste à examiner si la lune possède cette influence qu'on lui prête. La lune a ses nœuds ascendants et descendants. Ainsi la mer ne pourrait avoir le flux et le reflux en six heures ; si la lune avait une force d'attraction pour faire soulever les eaux de la mer, la marée montante serait de douze heures , puisque la mer , dans son mouvement de rotation , met douze heures pour aller du sud au nord. La mer étant attirée par la force d'attraction de la lune , demeurerait dans cet état normal jusqu'au moment où la lune descendrait du nord au sud. A ce moment, elle produirait une force de répulsion pour faire rentrer les eaux de la mer dans son lit ; et la marée montante et descendante serait de douze heures. Le passage de la lune au méridien ne peut pas produire le flux et le reflux des marées, régulièrement de six en six heures, attendu que la lune retarde tous les jours de plus d'une heure. Ainsi, dans l'espace d'un an, il arriverait un jour où il n'y aurait pas de marée.

La théorie des marées a atteint, dit-on, un tel degré de perfection, que l'on peut fixer à l'avance l'heure précise du retour de la marée. Tout homme raisonnable dira qu'il n'est pas difficile de prédire ce que l'on voit. Chacun de nous peut bien dire à quelle heure arrivera la malle-poste ; car nous savons qu'elle est menée par des chevaux. Le même raisonnement peut s'appliquer aux marées, avec cette différence que nos savants ignorent la cause qui peut donner à la mer un courant pour amener le flux et le reflux.

Je demanderai à messieurs les savants s'il existe des mers privilégiées, c'est-à-dire des mers sur lesquelles les forces combinées du soleil et de la lune n'aient aucune influence pour faire soulever les eaux. Cependant, le soleil et la lune font le tour des deux tiers de la terre et des mers. Si les forces combinées de la lune et du soleil possédaient l'influence qu'on lui prête, il devrait y avoir des marées dans toutes les mers. Mais toutes ces inventions ne sont que des fables. En voici la preuve :

Nous savons que la mer Noire, la mer Adriatique, la mer Méditerranée et plusieurs autres sont immobiles, et qu'il ne s'y produit pas de marées. Nous savons encore qu'il y a, au Mexique, un lac de deux cent cinquante-deux lieues de tour ; qu'une partie de ce lac est composée d'eau douce, et n'a point de flux et de reflux, tandis que l'autre partie est d'eau salée et a un flux et un reflux. Or, si le soleil et la lune avaient réellement la force d'attraction qu'on leur prête, cette force ne serait pas concentrée sur une partie de ce lac ; elle ferait soulever les eaux du lac dans toute son étendue. Je comprends que le flux et le reflux qui se manifestent sur une partie du lac soient produits par la mer, à raison de la position que ce même lac occupe vis-à-vis d'elle. Mais, en admettant la force d'attraction du soleil et de la lune pour faire soulever les eaux, la mer, étant gonflée elle-même, déborderait sur tous les points du lac, et ne se manifesterait pas d'un côté plus que de l'autre. Puisque le soulèvement des eaux ne peut pas donner un courant à la mer, il existe une force qui refoule les eaux de la mer jusque dans le sein de la terre ; c'est ce qui fait que quelques lacs ont leur flux et reflux. La lune étant à l'orient et le soleil à l'occident, la mer se trouverait dans la même situation qu'un oiseau tapis dans un buisson entre deux serpents qui le fascineraient chacun de leur côté. Il est forcé de rester dans sa position critique. La mer se trouverait de même entre le soleil et la lune. Si la force d'attraction du soleil l'attire, la force d'attraction de la lune la retient ; elle reste dans son état naturel. Mettez deux chevaux devant une voiture et deux autres chevaux derrière ; qu'ils soient tous d'égale force, et qu'ils tirent ainsi la voiture chacun de leur côté, le mouvement se trouvera nul et la voiture n'ira ni en avant, ni en arrière.

La véritable cause des marées ne provient pas de la force d'attraction, ni des deux forces combinées du soleil et de la lune, mais bien plutôt de la force d'un courant d'air. En Perse, dans la province d'Yermont, les vents changent régulièrement quatre fois le jour, de six heures en six heures, et pendant toute l'année. Ces vents font soulever sur mer les eaux qui se trouvent sur leur passage et occasionnent ainsi les marées. C'est pour cela que les mers qui sont exemptes de ces courants d'air n'ont pas de marées. La marée sera toujours plus forte du côté où le vent pousse la mer. Au bout de six heures, le vent qui avait produit ce mouvement, vient à tomber, la mer redescend dans son lit, pour être bientôt chassée de nouveau par le vent, et ainsi de suite. Ces vents peuvent perdre de leur force et alors les marées s'affaiblissent. Cependant, tous les quatorze ou quinze jours, le vent se met à souffler avec plus de violence, et c'est ce qui produit une recrudescence dans les marées. De même que les vents alisés, ces vents suivent toujours la même direction ; là où ils ne passent pas, ils ne peuvent par conséquent produire de marées.

Comme il y a nouvelle lune et pleine lune tous les quatorze ou quinze jours, les astronomes se sont appuyés là-dessus pour annoncer les plus fortes marées. Nous pourrions les comparer à des marins qui, ayant perdu leur carte marine et leur boussole, se confient à l'Être suprême pour qu'il les conduise à bon port. La

preuve la plus positive qu'ils sont dans l'erreur, c'est
qu'il y aurait un flux et un reflux dans toutes les mers,
si leur système était conforme à la vérité.

DE L'ÉTAT NORMAL DE LA MER.

Il est étonnant que les savants anciens et modernes
et les astronomes ne se soient pas appliqués à rechercher la cause véritable qui maintient la mer dans son
état normal ; question si intéressante et si digne de leurs
méditations. Cependant, il n'est pas douteux que plusieurs ne s'en soient occupés ; mais il y a lieu de croire
que, n'ayant pas trouvé une démonstration qui leur
parût satisfaisante , ils ont abandonné cette étude ,
laissant au temps le soin de porter la lumière au sein
de ces ténèbres. Un jour viendra , sans doute , où les
hommes de la science pourront approfondir et sonder
ce mystère, où ils expliqueront, d'une manière claire et
positive , comment les mers conservent le même niveau ,
et comment l'équilibre s'établit entre la quantité d'eau
qu'elles perdent et celles qu'elles reçoivent. On a émis
diverses suppositions à l'égard de cet état normal. On
a prétendu qu'il fallait l'attribuer aux fleuves qui se
versent dans la mer. Cette opinion me paraît dénuée de
fondement. Moi-même je puis être dans l'erreur a
ce sujet. Mais le progrès mûrit chaque jour le jugement et les connaissances de l'homme , de même que les

rayons du soleil mûrissent les fruits de la terre. On arrivera, par l'expérience, à démontrer que les eaux pluviales ne sont point la cause en vertu de laquelle les mers n'augmentent pas plus qu'elles ne diminuent. Les nuées pompent les eaux de la mer et les transportent sur la terre pour la fertiliser. Mais, de toutes les eaux pluviales, il n'en rentre que le quart dans la mer, attendu que souvent il tombe pendant deux ou trois jours de petites pluies douces qui ne font point augmenter les rivières et les fleuves. Souvent aussi l'été amène des sécheresses, pendant lesquelles le sol attend la pluie, comme le malade attend le remède salutaire qui doit lui rendre la santé. Les eaux pluviales qui tombent après ces sécheresses seraient absorbées par la terre, et les rivières n'éprouveraient aucune crue. La mer éprouverait donc alors un décroissement journalier par la chaleur du soleil, l'air et l'évaporation de ses eaux dans les nuages ; par suite de cette diminution quotidienne, il deviendrait impossible que la mer demeurât dans cet état normal, s'il n'existait pas d'autre cause qui l'y maintînt.

A mon avis, voici les causes qui maintiennent les mers dans l'état régulier. C'est le serein d'une part ; la rosée, d'autre part ; et enfin, le givre. Ces trois phénomènes atmosphériques sont tous de même nature, si ce n'est que la rosée et le serein tombent régulièrement tous les jours dans les climats chauds, lorsque le ciel est pur. Il n'en est pas de même du givre, qui se décompose ou se dilate, selon le degré de froid ou de chaleur de l'atmosphère ; alors il tombe en rosée. Il

faut toujours pour cela un certain degré de froid dans
l'atmosphère , ce qui ne peut avoir lieu que le printemps , l'automne et l'hiver. C'est pendant ces trois saisons que le givre tombe sur la terre. Ainsi , ces trois
phénomènes atmosphériques transmettent régulièrement
leur fluide à toutes les mers , ainsi qu'à la terre , excepté lorsque le temps est couvert, alors tous ces fluides
retombent sur les nuages, et la rosée ne tombe pas sur
la terre. Les nuages recevant cette rosée plusieurs jours
de suite, cette surchage leur fait subir une compression ;
il faut qu'ils restituent à la terre ces eaux qui lui étaient
destinées. Les pluies qui proviennent de ces rosées sont
toujours des pluies douces , qui ne sont susceptibles de
produire aucun météore , attendu qu'elles ne contiennent
aucune espèce d'électricité. Tous ces phénomènes jour-
naliers sont subordonnés au degré de chaleur du climat.
Dans l'Andalousie , j'ai vu cette rosée s'élever jusqu'à
une hauteur d'environ six lignes au-dessus de la végétation , et malgré la grande chaleur, elle ne disparaissait
que vers dix ou onze heures du matin. Elle remplace la
pluie et entretient la fraîcheur du sol. C'est ce qui permet
aux habitants de l'Estramadure de faire deux récoltes
de blé par an. Tous ces phénomènes atmosphériques ne
produisent pas d'inondation ; seulement, ils peuvent y
contribuer par cette surcharge de fluide qui tombe sur
les nuées , et augmenter , selon la saison, le volume de
la pluie ou de la neige. Il est donc certain que l'évaporation des eaux de la mer est occasionnée par l'air et
l'ardente chaleur du soleil. Ces eaux vaporisées éprouvent naturellement une diminution. Mais il y a compen-

sation au moyen de ces phénomènes atmosphériques qui transmettent autant d'eau à la mer que l'évaporation lui en fait perdre. L'évaporation de la mer peut s'élever environ de quatorze à quinze pouces annuellement, et c'est l'équivalent du fluide atmosphérique qui tombe dans les mers.

TREIZIÈME ENTRETIEN.

On nous dit que la terre tourne autour du soleil , en
suivant une ligne qui est l'orbite terrestre. Cette courbe
que la terre parcourt dans l'espace d'une année, l'étendue de l'orbite terrestre, est de deux cent dix millions de
lieues que la terre doit parcourir dans une année. Le
calcul de la vitesse moyenne est de quatre cent douze
lieues par minute ; vitesse qui dépasse toute imagination.

Un autre auteur , d'un grand talent , nous fournit
encore d'autres données sur le mouvement de translation
de la terre. Il prétend que , dans une année , la terre
décrit autour du soleil une courbe qui peut être comparée à une ellipse ; ce qu'elle exécute avec une rapidité
telle qu'elle parcourrait trois cent trente - trois mille
trois cent trente-trois lieues par minute.

Ainsi , les astronomes ne sont pas d'accord entr'eux,
comme on le voit , au sujet de la vitesse du mouvement
de translation de la terre. Il est vraiment incroyable que
l'on ait pu inventer et propager de pareilles absurdités.

L'astronomie ressemble à un culte surchargé de doctrines superstitieuses. Toute la science des astronomes s'applique à l'inconnu, tandis qu'elle néglige et ignore ce qui est facile à connaître. Ils ont renversé le système de Ptolémée pour le remplacer par un autre plus invraisemblable. On trouve toujours de nombreux défauts au système que l'on veut renverser, et l'on finit par adopter ce qu'il a de plus étrange, souvent même on y ajoute de nouvelles excentricités. C'est ainsi que nos savants ont trouvé que l'ancien système exagérait la rapidité du mouvement du soleil autour de la terre, et qu'il était impossible d'admettre que cet astre décrivît en un jour un cercle de quatre cent quatre-vingts millions de lieues. Il est certain qu'une pareille vitesse dépassait les limites du vraisemblable; mais, en voulant détruire cette erreur, on l'a remplacée par une autre plus ridicule encore.

Comparons, en effet, les deux systèmes. D'après l'ancien, le soleil avait quatre cent quatre-vingts millions de lieues par jour à parcourir autour de la terre. D'après le nouveau, celle-ci parcourrait trois cent trente-trois mille trois cent trente-trois lieues par minute autour du soleil. L'un n'est pas plus croyable que l'autre.

Les savants, les astronomes ne tiennent aucun compte des causes qui produiraient ce mouvement si rapide de la terre autour du soleil; ils n'ont aucune preuve à nous fournir à cet égard. L'ancien système avait du moins ce mérite qu'il se rapprochait davantage de la raison. Il serait plus facile au soleil de parcourir quatre cent quatre-vingts millions de lieues par jour qu'à la terre de faire trois cent trente-trois mille trois cent trente-trois lieues à la minute. Car le soleil étant sphérique et appartenant à un ciel gazeux rempli d'électricité , sa légèreté ne peut être mise en parallèle avec celle de la terre , laquelle a un poids incalculable. Il serait donc naturel que la vitesse de rotation du soleil fût supérieure à celle de la terre.

Au lieu de créer ce nouveau système , qui est en contradiction avec la raison, Copernic, s'il eût été un grand génie, ainsi qu'on le prétend , aurait basé son système d'après la nature. Il aurait diminué la rapidité de la rotation du soleil , et l'aurait réduite à des proportions raisonnables ; rien n'eût été plus facile.

Nous savons que le soleil parcourt les tropiques tous les six mois ; l'un nous donne l'été, l'autre l'hiver. Arrivé à sa plus grande déclinaison , le soleil remonte vers l'autre tropique pour lui procurer la lumière et la chaleur. Le soleil ne sort pas de l'écliptique. Les peuples qui se trouvent sous cette ligne sont exposés d'aplomb à toute l'ardeur du soleil , puisque des deux côtés de cet astre se trouvent les deux zones tempérées et les deux zones glaciales. Ceci est une preuve que l'orbite du soleil n'est pas aussi grand qu'on veut le prétendre.

Je vais prouver que les astronomes sont tombés dans l'erreur. Le soleil, loin de parcourir 480,000,000 de lieues en vingt-quatre heures, n'en fait pas neuf mille dans son mouvement journalier. Dans sa rotation quotidienne, il fait le tour du centre de la terre , et donne le jour et la chaleur aux contrées placées de chaque côté de l'écliptique.

Pour rendre ces vérités plus palpables et plus intelligibles aux personnes qui ne saisiraient pas de prime-abord mon raisonnement, je supposerai que la France ait 3000 lieues de largeur et 9000 de circonférence. Le cercle du milieu figure la zone torride; le second, les deux zones tempérées, et le troisième, les deux zones glaciales. Un homme viendra me dire : « j'ai fait le tour de la France, lequel est de 9000 lieues. » Je lui ferai observer qu'il n'a pu faire un si grand trajet; qu'il a seulement fait le tour du centre de la France, où sont situées les villes les plus remarquables; qu'il a parcouru un cercle de 3000 lieues de circonférence seulement. S'il eût fait le tour du second cercle, il aurait parcouru 6000 lieues; et, pour soutenir qu'il en a fait 9000, il aurait fallu faire le tour du troisième cercle, lequel figure les limites et les pôles de la France.

Appliquons cet exemple à la terre. Sa circonférence est de 9000 lieues; et cependant on nous dit que le soleil, en faisant le tour du globe, a parcouru 360 degrés en 24 heures. L'écliptique, comme on le sait, est un cercle qui enveloppe le centre de la terre, et le soleil le parcourt dans son mouvement journalier. Nous savons que le soleil ne sort point de son orbite; qu'il y a toujours deux zones de chaque côté de cet astre, les deux zones tempérées et les deux zones glaciales, ce qui prouve que le soleil ne fait pas 9000 lieues par jour.

Pour que cet astre parcourût 360 degrés en 24 heures il faudrait qu'il fît le tour du cercle polaire. Par cercle polaire, j'entends tout l'espace compris entre les pôles de la terre, ce qui fait 9000 lieues de circonférence. Si l'on admet que cet astre, en faisant le tour de la terre, eût parcouru 9000 lieues en 24 heures, alors tous les pôles de la terre qui forment la circonférence de celle-ci, se trouveraient sous la zone torride, et le centre de la terre serait la partie la plus froide.

D'un autre côté, si le soleil avait à parcourir 360 degrés autour de la terre, dans l'espace de 24 heures, les pôles arctique et antarctique devraient avoir, comme nous, le jour chacun à leur tour ; ils ne seraient pas privés six mois de la présence et de la vue du soleil.

J'ajouterai que les deux pôles arctique et antarctique font partie de la circonférence de la terre, laquelle est de 360 degrés (le soleil doit parcourir, d'après ce qu'on nous dit, les 360 degrés en 24 heures) ; or les pôles arctique et antarctique occupent une circonférence d'environ 1500 lieues. Et puisque ces 1500 lieues sont privées durant six mois de la lumière du soleil, cela prouve que le soleil ne fait pas le tour de la terre. Car, en réduisant ces 1500 lieues, il n'en parcourrait que 7500 en 24 heures.

Je ne prétends pas dire pour cela que *ce soit* le soleil qui fasse le tour de ces 7500 lieues ; c'est son volume de lumière, en admettant que la vitesse de la marche du soleil ne soit pas exagérée (et tout prouve qu'elle l'est). Le soleil par ses rayons envoie le jour à une grande distance ; néanmoins, il ne peut, dans son mouvement journalier, procurer la lumière à 9000 lieues de circonférence. Dans sa rotation quotidienne, il donne la clarté à 3750 lieues à la ronde ; ce qui forme la circonférence du volume de lumière que le soleil donne à la terre, et rien de plus. Les deux hémisphères, ou plutôt les deux moitiés de la terre reçoivent la lumière du soleil, chacune à leur tour, dans les vingt-quatre heures.

Si une poule avait cinquante petits, elle ne pourrait les réchauffer tous en même temps sous ses ailes; la moitié d'entr'eux serait donc privée momentanément de la chaleur maternelle, et attendrait son tour. De même le soleil ranime la nature: il donne la vie à tous les êtres; sans lui tout serait dans le néant. Cet astre est le père du genre humain, mais il est dans l'impossibilité de réchauffer tous ses enfants à la fois, attendu que ses rayons ne peuvent s'étendre que sur la moitié de la terre, le volume de celle-ci étant trop considérable comparativement aux rayons lumineux projetés par le soleil. Les habitants de la terre ont le même sort que celui des jeunes poussins; ils sont forcés d'avoir leur tour à participer à la clarté et à la chaleur vivifiante du soleil.

QUATORZIÈME ENTRETIEN.

On sait que les pays les plus chauds reçoivent les rosées les plus abondantes ; dans ces mêmes pays, il pleut rarement, ce qui fait que la terre est toute crevassée ; qu'elle est sèche et brûlante. Dans ces contrées, la terre ne peut exhaler ses vapeurs dans l'atmosphère, laquelle produit ce fluide d'où provient la rosée. Sous ce point de vue, la rosée devrait être moins abondante dans ces contrées que dans nos climats, par rapport à la sécheresse de la terre qui est toujours brûlante. C'est cependant le contraire qui existe. D'où vient cela ? il faut en chercher la cause dans notre climat.

La rosée est produite par les vapeurs de la terre qui s'élèvent dans l'atmosphère ; l'humidité de l'air contribue à la rosée, comme le serein dans les pays chauds. La terre n'étant pas humide, l'atmosphère est privée des vapeurs qui contribueraient à produire ces abondantes rosées. La rosée appartient à un fluide qui se trouve dans le voisinage des régions glaciales. Ce fluide se joint à celui que le ciel glacial a produit, et qui est plus fort que celui que l'atmosphère reçoit de la terre; ils se mettent en communication. Une partie de ce fluide a pris naissance dans le pôle nord et ayant subi une faible congélation, il est à l'état de glace et de givre. Il est évident qu'il doit traverser des climats où la température soit à l'état de glace fondante; c'est ce qui se manifeste dans les pays les plus chauds. La chaleur brûlante du soleil échauffant continuellement l'atmosphère, la terre torréfiée renvoie sa chaleur dans l'atmosphère. Alors ce fluide glacial se dégèle et s'évapore. La partie la plus pesante tombe immédiatement sur la terre; la partie la plus légère est le givre. Le givre tombe aussi, mais avec moins de promptitude; dans sa chûte il tombera de préférence sur les hautes montagnes, par rapport à l'air qui l'entraîne. La même raison fait qu'il y séjournera plus longtemps que dans les plaines, parce que n'ayant subi qu'une partie de son dégel, il peut se maintenir en cet état sur les montagnes, où il est renouvelé tous les jours.

On comprendra aisément que si ce givre qui est tombé sur les hautes montagnes fût descendu jusque dans la plaine, il aurait subi un dégel presque total, dans cette distance plus longue qu'il aurait eue à parcourir. Le serein tombe le premier. Le givre qui arrive sur la terre est la cause de la rosée blanche. D'après ce que je viens d'expliquer, il n'est donc pas surprenant de voir des montagnes, même sous la zone torride, couvertes de neiges qui ne fondent jamais. Les astronomes ont pris pour la neige ce qui n'est autre chose que le résultat du givre. Dans les climats chauds, la rosée tombe tous les jours, le vent n'arrête pas sa chûte. Dans nos climats ou peut coucher la nuit dans les champs, sans éprouver une trop grande fraîcheur ; il n'en est pas de même dans les pays chauds ; on y est forcé de se couvrir la nuit, afin de se préserver du froid. En France, c'est à l'approche du printemps et dans l'automne que les rosées sont plus abondantes. Dans ces deux saisons, l'atmosphère commençant à être froide, fait éprouver une faible congélation aux vapeurs qu'elle contient ; alors, il peut y avoir rosée et givre. Il est évident que, dans les climats chauds, le fluide ne peut pas éprouver un symptôme de congélation, puisque l'atmosphère est chaude, et que la rosée et le givre, qui tombent régulièrement dans ces climats, doivent descendre de régions plus élevées que dans nos contrées.

QUINZIÈME ENTRETIEN.

La neige est le résultat des nuages qui se dilatent, s'évaporent et s'étendent dans l'atmosphère. Puis survient un vent frais qui les surprend et leur fait éprouver une congélation proportionnée au degré de froid que ce vent peut produire. Si c'est un vent du midi, la neige tombera par gros flocons ; si c'est un vent du nord, la dimension des flocons de neige sera plus petite ; dans ce dernier cas, la neige pourra séjourner sur la terre ; par le vent du sud, la neige fond presque à l'instant et même en tombant.

FORMATION DE LA GRÈLE.

Des auteurs prétendent que des gouttes de pluie qui éprouvent une congélation dans l'atmosphère avant d'arriver jusqu'à nous produisent la grêle, et que les gros grêlons sont le résultat de plusieurs gouttes de pluie qui se rencontrent dans l'atmosphère.

J'observerai que la distance des nuées à la terre étant très-petite, des gouttes de pluie tombant avec rapidité n'auraient pas le temps de subir une congélation, et que l'atmosphère étant chaude, pendant l'été, ne peut pas faire éprouver aux eaux pluviales cette congélation qui produirait la grêle. Car, s'il en était ainsi, nous aurions la grêle plus fréquemment en hiver qu'en été, attendu que l'atmosphère étant froide et produisant la neige, produirait également la grêle. Je soutiens que de pareilles causes sont inadmissibles, et que le jugement de tout homme raisonnable doit les repousser.

D'autres auteurs disent que la première congélation des nuages résulte de l'évaporation qu'éprouve leur surface supérieure sous l'action des rayons solaires; que plus la rapidité de l'évaporation des nuées est considérable, plus le froid qu'elle occasionne devient grand; que c'est là ce qui produit la grêle.

D'après mes observations, je dirai que l'évaporation des nuages supérieurs ne contribue en rien à la formation de la grêle; que c'est le contraire qui existe. Nos caves sont froides l'été, et sont chaudes l'hiver, parce que le froid fait descendre la chaleur dans le sein de la terre. Le même résultat se produit dans les nuages. Quand les nuages supérieurs sont grillés par les rayons du soleil, le centre gèle de son côté; la terre brûlante renvoie une partie de sa chaleur dans l'atmosphère qui refoule la fraîcheur des nuées jusque dans leur centre. En hiver, quand les nuages supérieurs et ceux inférieurs sont froids, le centre des nuages est chaud, parce que les nuées qui les environnent les mettent à l'abri de ces courants d'air glacial. Ainsi, le centre des nuages est garanti du froid pendant l'hiver, et des rayons brûlants du soleil pendant l'été.

C'est dans les journées les plus chaudes du printemps et de l'été que nous voyons tomber la grêle. Sans la chaleur ardente des rayons du soleil, la grêle nous serait inconnue. Voici la cause que l'on peut lui assigner. Quand une masse de nuages se réunit et que ces nuages se placent les uns sur les autres, la chaleur du soleil échauffant les nuées supérieures, elles transmettent leur fraîcheur à celles qui se trouvent au-dessous; ainsi de suite, jusqu'à une distance où le degré du froid suffit pour produire la congélation des nuées qui se trouvent au centre de cette masse. Les couches supérieures, en pesant de tout leur poids, font couler leurs vapeurs sur les nuages qui ont subi la congélation, et ce n'est pas le nuage gelé qui alimente les grêlons; car un nuage qui a subi la congélation est privé de ses vapeurs. Nous voyons qu'en hiver, l'eau, à l'état de la glace, s'arrête suspendue au bord de nos toits, en forme de longues chandelles. Ainsi, les gouttes d'eau qui tombent des nuages supérieurs coulent sur les nuées qui sont gelées. Il est évident que les nuages supérieurs étant échauffés par les rayons du soleil, les gouttes de pluie qui en tombent sont chaudes, et que, arrivées au centre des nuées, elles sont gelées à l'instant.

Les grêlons varient de grosseur, attendu que les vapeurs des couches supérieures de nuages coulent continuellement sur les nuages qui ont subi une congélation, et les grêlons se forment et s'alimentent ainsi.

Leur volume augmentera, tant qu'ils seront enveloppés des couches supérieures et inférieures. Il n'est donc pas surprenant de voir tomber des grêlons du poids de 4, 6 et même 8 onces.

Cette dimension colossale des grêlons provient de ce que le ciel est couvert à une grande distance. La première évaporation qui a lieu dans les couches supérieures permettra au soleil d'envoyer sa chaleur sur les nuages qui servent d'enveloppe aux nuages gelés, et qui s'évaporent alors comme les premiers. Rien ne s'oppose plus alors à ce que la chaleur tombant tout entière sur les nuages à l'état de congélation, le dégel ait lieu instantanément. Une partie tombe alors en pluie et l'autre en grêle. Les nuages qui ont continué leur évaporation sont allés se poser sur d'autres; et par cette surcharge, les nuages gelés prennent plus de force, les grêlons augmentent aussi de dimension. Ces nouveaux nuages produisent quelques degrés de froid de plus dans le centre de cette glacière, et la compression qui en résulte fait que tous les autres nuages se pressent également; l'écoulement des vapeurs qu'ils renferment se renouvelle et tombe sur les nuages placés au centre, lesquels ont subi la congélation. Ces gouttes d'eau tombant alors sur les grêlons déjà formés, la dimension de ceux-ci doit s'accroître jusqu'à ce que tous les nuages aient suivi leur évaporation et que la chaleur du soleil amène le dégel des nuages.

Si les grêlons demeuraient suspendus aussi longtemps dans les nuages que les chandelles de glace qui demeurent suspendues l'hiver sur le bord des toits, ils auraient la même dimension. L'eau qui aurait coulé deux ou trois jours sur eux leur donnerait une forme oblongue, et les grêlons ne seraient pas ronds. On comprend que les grêlons ne peuvent rester bien longtemps dans le centre des nuages, parce qu'il survient un courant d'air. S'il est bas, il fait éprouver une évaporation aux nuages inférieurs et la grêle se trouve à l'état libre de l'air. La grêle étant suspendue se détache instantanément des nuées, et elle tombe partiellement, sans être accompagnée de pluie. L'air faisant éprouver un mouvement à toutes les nuées, la totalité de la grêle tombera avec la pluie. Si les nuages supérieurs se sont évaporés les premiers, la chaleur du soleil produit le dégel de ces nuées; dès-lors, la pluie tombera avec la grêle.

Il est facile de concevoir que les nuages inférieurs, qui servent d'enveloppes à la grêle, ne produisent pas, malgré leur évaporation, le dégel des nuages qui sont gelés, attendu que celles-ci sont privées de la chaleur du soleil. C'est pour cela qu'il n'y a pas pluie et grêle de suite dans l'évaporation de la partie inférieure.

Lorsque le ciel est serein, et que l'on voit des nuages superposés ressemblant à des masses de rochers, la grêle ne peut y séjourner longtemps; car ces couches étant environnées d'air, l'évaporation des nuées ne tardera pas à avoir lieu, et la grêle tombera souvent sur une seule pièce de terre, tandis que le champ voisin sera exempté de ce fléau. Si le vent pousse les nuages avec force, un plus grand espace de terrain sera frappé de la grêle; mais les grêlons seront d'une dimension moyenne, parce qu'ils n'auront pas séjourné assez

longtemps dans les nuages gelés. On entend dans les
nuages un craquement qui annonce la chute de la grêle.
Ce craquement, qui ressemble à une pièce de toile que
l'on déchire, n'a pas de limites précises. Sa répercus-
sion varie d'après l'étendue des nuages qui ont subi la
congélation. L'évaporation des nuages supérieurs permettant au soleil d'envoyer sa chaleur aux nuées qui
sont gelées, il y a dégel et craquement partiel. Les autres couches supérieures suivent le mouvement d'évaporation et font place à la chaleur du soleil. Il y a craquement jusqu'à ce que la totalité des nuées soit dége-
lée. Ce craquement n'est point le résultat des grêlons
entrechoqués; car alors, ce même craquement conti-
nuerait pour arriver jusqu'à nous. Les grêlons s'entre-
choquent continuellement dans l'atmosphère; mais on
n'entend rien, excepté lorsqu'ils viennent à rencontrer
un corps dur.

Ce craquement n'est point dû à l'électricité, comme
on le prétend. En admettant que la couche supérieure
soit électrisée, et que la couche inférieure le soit aussi,
les nuées qui occupent le centre de la masse et qui sont
gelées peuvent être électrisées également. Trois pierres d'aimant, qui sont de même nature, ne peuvent
s'attirer les unes les autres. Si les nuages gelés étaient
attirés d'un côté par les nuages supérieurs, les nuages
inférieurs les attireraient d'un autre côté. Une force les
attirerait et une force pareille les retiendrait; dès-lors,
les nuages gelés ne céderaient à aucune de ces deux
influences, et demeureraient dans un état d'immobilité
jusqu'au moment de leur dégel.

Le craquement dont nous venons de parler peut être plus fort ou plus faible, selon le degré de la congélation que les nuages ont éprouvée. Si l'évaporation des nuées supérieures ne s'effectue que lentement, le dégel des nuées se fera peu à peu ; il n'y aura pas de craquement. Si la vaporisation des nuées s'opère sur une dimension plus grande, et qui permette au soleil d'envoyer toute sa chaleur aux nuages gelés, qui sont à l'état de glace fondante, ces nuages se dilatent ; la glace se rompt sur plusieurs points, et le craquement se produit et se continue jusqu'au moment où toutes les nuées ont subi le dégel (1).

DU GRÉSIL ET DE LA MANIÈRE DONT IL SE FORME.

Nos savants disent que le grésil est une sorte de grêle bâtarde ; mais ils ne nous apprennent rien sur sa formation. S'ils connaissaient les véritables causes de la formation de la grêle, ils connaîtraient aussi celles de la formation du grésil, puisque ces causes sont les mêmes. La vérité est qu'ils ne savent rien de précis à cet égard.

Les nuages qui produisent le grésil ressemblent à un pommier qui croîtrait sur un rocher, dépourvu de terre, et où l'eau ne pourrait séjourner. Le pommier manquant

(1) Dans une savante dissertation que M. Arago a faite sur la grêle, il dit : « Je me trompe fort. Si toutes ces remarques ne démontrent pas qu'une explication satisfaisante de la grêle est encore à trouver. »

des aliments nécessaires à l'entretien de sa sève, ne donnerait que de très-petits fruits. Tel est le résultat qui nous donne le grésil. Quand les nuages s'entassent les uns sur les autres, le soleil, en échauffant les nuées de la couche supérieure, fait descendre la fraîcheur dans les nuées à une distance qui est le degré de glace. Si le volume des couches de nuages était considérable, il y aurait alors congélation dans le centre des nuées, nous aurions la grêle. Mais s'il n'y a pas de nuages au-dessous de ceux qui ont éprouvé la congélation, nous avons le grésil. Ces nuages se trouvant entre les couches supérieures et l'atmosphère, le grésil se trouvant formé et étant privé d'une couche inférieure qui lui serve d'enveloppe, il est à l'état libre de l'air; et dès-lors, il est évident qu'il doit tomber aussitôt après sa formation. Si c'est un vent chaud qui amène sa chûte, il y aura grésil et pluie; si c'est un vent froid, il y aura grésil et neige très-fine. Car le vent chaud, produisant le dégel, il doit y avoir pluie et grésil. Si, au contraire, le vent est froid, il maintiendra les nuages à l'état de glace et de givre. Si le vent du nord souffle avec force, il brisera les nuées et les réduira en poussière de neige; dès-lors, il y a grésil et neige qui voltigent dans l'atmosphère.

Les premiers noyaux de grêle se forment dans le centre des nuages. Si les nuées inférieures s'évaporaient immédiatement, ces noyaux se trouvant à l'état libre de l'air, tomberaient en grésil au lieu de tomber en grêle, attendu qu'ils ne seraient pas restés assez long-temps au centre des nuages pour recevoir les vapeurs environnantes qui auraient produit la dimension de la grêle.

Il n'est donc pas douteux que le grésil ne se forme de la même manière que la grêle, avec cette seule différence que le grésil se forme presque à l'état libre de l'air, et qu'il n'a pas le temps de devenir grêle. De même qu'un enfant qui meurt peu de temps après sa naissance n'a pas le temps de devenir homme.

SEIZIÈME ENTRETIEN.

Il est évident, pour tout homme de sens, que la dimension de la lune, ainsi que son volume, a augmenté de siècle en siècle, jusqu'au moment où elle a eu consumé tout l'objet qui l'alimentait. Ce vieux soleil reçoit sa lumière du nouveau qui la lui envoie; sans cela, nous ignorerions s'il a existé. La lune est la reine des cieux, détrônée aujourd'hui par le soleil. L'antiquité lui avait voué un culte, parce qu'alors elle fournissait de la lumière et de la chaleur; elle était l'objet d'une grande vénération; maintenant, elle est dans la position d'un roi détrôné. Sans le secours de l'histoire, nous ne saurions pas quels souverains ont régné dans les âges reculés. Le soleil sert d'histoire à la lune; il nous démontre que cet astre était comme lui le roi des cieux. Le soleil, à son tour, finira par s'éteindre. Tout commence et tout finit. Jadis la lune, ce vieux soleil, a donné la clarté; il l'a donnée cinquante mille ans, cent mille ans peut-être. Il y aura un intervalle de temps pareil jusqu'à la formation d'un nouveau soleil. Tout nous dé-

montre les perturbations qui ont remué la terre. Tant
d'empires florissants qui ont été détruits par les eaux
des mers, et dont il ne reste plus que de petites îles,
lesquelles ont été garanties jusqu'à ce jour par leurs rochers, et qui finiront, dans quelques millions d'années,
par disparaître complètement. La goutte d'eau use la
pierre.

Les astronomes nous disent que la lune est parsemée
de hautes montagnes, qu'on y trouve des rivières et des
lacs. S'il en était ainsi, la lune se trouverait depuis longtemps privée de ses eaux. Malgré le système de croûtes
solides qu'on a pu inventer pour la lune comme pour la
terre, il y aurait toujours eu des gouttières, qui, par la
suite, converties en torrent, seraient tombées sur notre
terre.

Laissons de côté toutes ces conjectures qui blessent
la raison. L'atmosphère ne peut supporter des montagnes, attendu que les rochers ne sont pas sphériques,
pas plus qu'un ballon, lequel, quoique plus léger, tombe
lorsque le gaz lui manque. La lune étant une planète
sphérique a pris naissance dans un ciel gazeux. La surcharge du trop plein de gaz a produit la compression.
Le feu a pris dans son centre, ce qui a augmenté de jour
en jour son volume ; ce feu étant alimenté également
dans la circonférence de la lune, lui a donné une forme
sphérique.

FORME ET DIMENSION DU SOLEIL, ET DE SA NATURE,

D'APRÈS LA RAISON.

Les savants ne nous ont pas donné des raisons satisfaisantes à l'égard de la nature du soleil. Les uns prétendent que cet astre est alimenté par des masses de terre. C'est une erreur ; dans le sein de la terre, il y a des pierres, et des pierres se détachant de cette masse brûlante tomberaient constamment sur la terre. Or, une terre qui se consumerait de la sorte ne produirait pas de clarté, mais seulement une épaisse fumée.

D'autres auteurs ont prétendu que le soleil était alimenté par les comètes. Pour admettre ces conjectures, il faudrait que le soleil fût enveloppé par les comètes dans toute sa circonférence, pour former cet anneau lumineux qui nous procure la chaleur et la clarté. Les comètes, cependant, ne sont que de la glace, et la glace ne brûle pas.

Le soleil, de même que la lune, a pris naissance dans un ciel gazeux. Quand le gaz sera épuisé, il éprouvera le sort qu'a éprouvé la lune. Le genre humain sera obligé de construire des asiles au sein de la terre, de vivre de la pêche, comme vivent maintenant les habitants des terres boréales, où il n'y a pas de végétation, jusqu'au moment de la formation d'un nouveau soleil. Une lampe donne de la clarté, tant qu'elle contient de l'huile. Il en est de même du soleil. Etant au milieu d'un ciel gazeux, il est alimenté dans toute sa circonférence. Il ne peut aller ni plus vite, ni plus doucement, attendu que le ciel gazeux et le soleil ne forment qu'un seul corps ; il ne peut non plus se détacher de l'objet qui l'alimente, et il donnera sa lumière à la terre, jusqu'au moment où l'électricité et le gaz qui l'alimente seront complètement épuisés.

DE LA GROSSEUR DU SOLEIL.

On a établi diverses conjectures sur le volume du soleil. Les uns disent qu'il est 1,300,000 fois plus gros que la terre ; d'autres, qu'il est un million de fois plus gros. Prenons le chiffre le plus bas, et en calculant d'après la circonférence de la terre, laquelle est de neuf mille lieues, le volume du soleil serait de neuf milliards. Si la grosseur de cet astre était telle, il n'y aurait point de mer glaciale, ni de végétation ; tout serait torréfié. Si le soleil avait seulement trois mille lieues de largeur, ce qui ferait neuf mille lieues de circonférence, nous serions tous sous sa ligne. Ce volume est bien peu de chose, comparativement à celui que l'on nous indique ; et, néanmoins, s'il était le volume réel du soleil, la terre serait inhabitable. J'admets que le soleil ait trois cents lieues de largeur et neuf cents lieues de circonférence, (et ici j'exagère au moins d'un tiers sa grosseur réelle) le soleil, arrivant au méridien et l'anneau solaire étant de neuf cents lieues, donnerait la lumière à toute la circonférence de la terre, circonférence qui est de neuf mille lieues. Tous les peuples auraient le jour à midi. Or, nous avons des preuves du contraire.

La clarté d'un feu de cent lieues de circonférence s'étendra à mille lieues, étant à une élévation de cinq cents lieues au-dessus du sol. Si le feu prend à une maison placée sur une hauteur dominant les plaines environnantes, d'après l'intensité de l'incendie, les nuages, à cinq ou six lieues, de même que le sol, seront éclairés par l'incendie. Car la distance à laquelle se propage la lumière est toujours dans la proportion de la grosseur de l'objet qui la procure. La terre est la maison du soleil. Dans sa marche, il donne la lumière et la chaleur aux quatre parties du monde, chacune à leur tour.

Je poserai une question, dont la solution sera une preuve irrécusable. Je demanderai non seulement aux savants et aux astronomes, mais encore à tout homme doué d'intelligence, si l'étendue du volume de lumière que nous donne le soleil est plus petite que le soleil lui-même. La réponse n'est pas embarrassante. Puisqu'un bec de gaz éclaire tout un appartement, et qu'il est évident que ce bec de gaz est plus petit que le volume de lumière qu'il projette, le même résultat s'applique évidemment au soleil. Le volume de lumière est de trois mille sept cent cinquante lieues de circonférence, environ, parce qu'il y a autant de nuit que de jour. Le pôle arctique et le pôle antarctique, qui ne sont pas éclairés pendant six mois de l'année, font mille cinq cents lieues de circonférence. Puisque ces mille cinq cents lieues font partie de la circonférence de la terre, il ne reste donc que sept mille sept cent cinquante lieues que le soleil éclaire tous les six mois de l'année.

Je suppose qu'une église eût cent mètres carrés, et qu'elle n'eût qu'une seule lumière que je placerai au maître-autel, lequel figurera le pôle arctique, tandis que le portail sera le pôle antarctique ; il n'y aura qu'un tiers de l'église qui sera éclairé, et les autres parties seront dans l'ombre. Si je fais marcher la lumière, chaque partie de l'église aura la lumière et l'obscurité tour à tour. Si, au contraire, le volume de lumière était proportionné à la grandeur de l'église, celle-ci serait éclairée sur tous les points.

Le même résultat s'applique au soleil. Les astronomes qui ont inventé le système aujourd'hui adopté sont en contradiction avec eux-mêmes. Ils placent le soleil immobile au centre de la terre ; et, d'un autre côté, ils prétendent que la terre tourne autour du soleil. Alors celui-ci n'est plus au centre de la terre ; ainsi, d'une manière ou d'une autre, les astronomes mentent au vulgaire.

Si le soleil était immobile au centre de la terre, et qu'il eût la grosseur qu'on lui suppose, il n'aurait pas besoin de marcher pour donner le jour à toute la terre, et pour éclairer les hémisphères tour à tour. Si cet astre était d'une grosseur de neuf milliards ou de treize, n'importe, il donnerait la clarté à cent milliards de lieues. Les marins ne pourraient dire qu'ils passent le tropique, puisque tous les peuples se trouveraient sous la ligne du soleil, et il n'y aurait point de mer glaciale. Le soleil étant arrivé au méridien, je regarde à l'orient, et je ne le vois pas. Je regarde successivement à l'occident, au midi, au nord, je ne vois que du vide dans l'espace. Où est-il donc ce soleil qui a des milliards de lieues de grosseur? Il faut que je lève la tête pour le voir à midi ; et cependant la tête d'un homme ne peut pas masquer plus de six cents lieues de circonférence. Si le soleil avait la grosseur qu'on lui attribue, les vaisseaux pourraient-ils traverser la ligne en douze ou quinze jours, comme ils le font lorsqu'ils se rendent dans un autre hémisphère ; ce serait de toute impossibilité.

DE LA HAUTEUR DU SOLEIL.

Les uns disent que le soleil est à trente-quatre millions de lieues de nous ; d'autres disent à trente-huit millions. Quatre millions de plus ou de moins sont peu de chose en astronomie. Mais si le soleil était seulement à six mille lieues d'élévation au-dessus de nous, sa lumière et sa chaleur seraient interceptées par plus d'un ciel glacial ; cette lumière et cette chaleur, entraînées par des courants d'air, se réduiraient à peu de chose.

On dit que c'est par les mathématiques que l'on est parvenu à connaître la distance qui sépare les étoiles de la terre, de même que la distance du soleil. Or, moi je

soutiens que dans les cieux il n'y a pas de lettres alpha-
bétiques, et que les calculs mathématiques ne corres-
pondent qu'avec les livres.

A la vérité, les astronomes ont créé la parallaxe,
mot scientifique dont ils se servent à deux fins; d'abord,
pour mesurer la distance des planètes à la terre, et ensuite pour endormir le genre humain. Voici comment ils
expliquent cette parallaxe : si l'on monte, les objets paraissent descendre. Si vous êtes au jardin des Tuileries,
les arbres vous paraîtront élevés; si vous montez au
sommet du bâtiment, ils vous sembleront abaissés,
parce que le rayon visuel s'incline ou s'abaisse. Cela
se nomme parallaxe, lorsqu'il s'agit des astres. Etes-
vous au spectacle, derrière une dame dont le chapeau
vous empêche de voir la scène et vous force, soit de
vous retirer à droite ou à gauche, soit de vous lever ou
de vous baisser, c'est une parallaxe. A ce compte, tout
ce qui est sur le sol terrestre peut occasionner une parallaxe. Un arbre, une maison, un homme placé devant
un autre et qui lui empêche de voir le soleil quand il
s'élève, et le force à se détourner à droite ou à gauche
pour voir cet astre; de même que lorsqu'on va voir un
feu d'artifice, et qu'on est dans la foule, les personnes
placées devant nous deviennent des parallaxes. Tout ce
qui s'oppose à ce que nous voyions un objet que nous
cherchons à apercevoir est une éclipse de cet objet par
rapport à nous. Le mot parallaxe étant plus savant est
beaucoup plus convenable pour éblouir le vulgaire.

Rien ne nous empêche d'apercevoir le soleil, la lune
et les étoiles, lorsque le temps n'est pas couvert; les

nuages seuls sont pour nous des parallaxes. S'il existait
une seule remarque dans le ciel qui pût fournir des
moyens pour mesurer la distance des planètes à la terre,
on nous donnerait des preuves, et les astronomes ne
diraient pas des paroles en l'air ; ils ne bâtiraient pas
leurs systèmes à l'aventure, et ne seraient pas les uns
avec les autres en perpétuelle contradiction.

DIX-SEPTIÈME ENTRETIEN.

Un auteur dit que l'étoile fixe la plus rapprochée de
nous est à la distance de six cent cinquante-six milliards et cent millions de lieues. Un autre affirme que
l'étoile la moins éloignée est distante de nous de trois
mille cinq cent soixante-six milliards de lieues. A la
différence près de deux mille neuf cent dix milliards de
lieues entre ces deux calculs, ces deux savants sont,
comme on le voit, à peu près d'accord. Il faut croire
que la parallaxe les a trompés l'un ou l'autre ; mais
alors on ne peut se fier à ce qu'ils disent.

Un autre veut nous faire avaler une pillule plus difficile
encore à digérer ; il affirme que les étoiles fixes sont éloignées de nous de plus de quatorze millions de millions
de lieues de plus que le soleil ; il ajoute qu'un boulet
de canon, en supposant qu'il volât toujours avec une
rapidité égale , ne mettrait pas moins de cinq millions
soixante mille huit cent quatre-vingt-deux ans pour
franchir l'espace qui nous sépare des étoiles.

Tous ces savants ont fait leurs calculs d'après les

rêves de leurs devanciers ; il ne peut en être autrement, puisque la terre n'a point de mouvement, si ce n'est ceux qu'on lui attribue. Si je reviens ici à ce mouvement de translation de la terre dont j'ai parlé précédemment, c'est pour établir un rapport avec la distance des étoiles à la terre, et pour établir que tout ce que les astronomes ont avancé n'est basé que sur des conjectures. Messieurs les astronomes sont aussi peu clairvoyants que tel individu qui construirait une maison sur le bord d'un fleuve, sans prévoir le cas d'une inondation. Il en est de même de l'astronomie ; chaque génération peut produire des hommes nouveaux, lesquels, en éclairant la société, sont susceptibles de renverser tout l'échafaudage de l'astronomie.

Au surplus, nous pouvons nous convaincre que les astronomes ne sont pas plus d'accord à l'égard de la distance des planètes à la terre qu'ils ne le sont par rapport au mouvement de la terre, laquelle, à leur dire, aurait à parcourir autour du soleil, chaque année, un mouvement de rotation dont la vitesse serait de trois cent trente-trois mille trois cent trente-trois lieues à la minute.

Un autre auteur donne à l'étendue de l'orbite de la terre deux cent dix millions de lieues, que la terre devrait parcourir dans l'espace d'une année ; le calcul de la vitesse moyenne de ce parcours est de quatre cent douze lieues par minute. Ces divers astronomes ne s'accordent donc pas à l'égard du mouvement de translation de la terre autour du soleil, puisqu'il existe dans leurs calculs une différence de trois cent trente-trois mille lieues que la terre aurait à parcourir, en plus ou en moins, par minute, autour du soleil.

Mais, je le répète, les astronomes ne possèdent aucun moyen pour mesurer une aussi grande distance. Le soleil ne peut envoyer sa lumière qu'à une distance proportionnée à sa grosseur. C'est pour cela que les astronomes estiment la grosseur du soleil à un million trois cent mille fois plus que celle de la terre. Certes, si ce volume prodigieux du soleil était réel, il pourrait envoyer sa lumière à une plus grande distance. Les étoiles les plus éloignées du soleil n'en sont pas à plus de douze cents lieues ; à cette distance du fluide glacial qui reçoit les rayons du soleil et qui produit la clarté des étoiles, elles auront moins d'éclat que les autres, à cause de leur éloignement de cet astre, et de l'affaiblissement de sa lumière, résultant de la distance.

On prétend qu'il faudrait cinq millions d'années à un boulet de canon pour arriver aux étoiles les plus rapprochées de nous. Ceci est une erreur bien grande des astronomes, et ce n'est pas la seule dans laquelle ils soient tombés. Il ne faudrait pas plus de deux heures à un boulet pour arriver aux étoiles les plus voisines de nous. Les étoiles qui sont au-dessus de nos têtes ne sont pas à une plus grande élévation qu'elles ne le paraissent. Si elles avaient la clarté de la lumière, l'homme se tromperait souvent. En apercevant une lumière sur une élévation, on la prendrait, à un quart de lieue de distance, pour une étoile, et, au moyen de la parallaxe, les astronomes pourraient dire que cette étoile est à douze milliards de lieues.

Les étoiles n'étant pas de jeunes soleils , ainsi que le
soutiennent quelques auteurs, elles ne peuvent produire
l'effet de la lumière. Il est évident et incontestable que
si les étoiles étaient de jeunes soleils , elles donneraient
la chaleur et la clarté ; le jour serait perpétuel. La voûte
céleste ressemblerait à un édifice bien illuminé, et cette
pépinière de jeunes soleils produirait le même résultat
que nos pépinières d'arbres , où les jeunes produisent
des feuilles comme les gros.

Toutes les étoiles sont occasionnées par le reflet du
soleil, lequel envoie sa clarté à ce fluide glacial qui lui
sert de miroir et de réflecteur. Mais il ne peut produire
toutes les étoiles à la même heure , parce qu'il faut une
certaine distance au soleil pour envoyer sa lumière à ce
fluide glacial. Le plus élevé produira les premières étoiles d'heure en heure, et ainsi de suite. Le soleil étant
arrivé à son plus grand éloignement, qui lui permet d'envoyer un plus grand volume de lumière au fluide glacial, la partie du ciel visible pour nous entre onze heures et minuit sera entièrement étoilée. Il y a inégalité
dans le fluide glacial de même que dans les nuages qui
s'entassent les uns sur les autres, à cause des cavités
qui existent dans ce fluide , et où le reflet du soleil ne
peut pénétrer; de là vient la distance qui se remarque
entre les étoiles; sans cela , nous en verrions des millions. Car un million de miroirs produira un million d'é-
toiles plus petites ou plus grosses , suivant la dimension
des glaces qui refléteront le soleil. Cet astre, arrivé aux
limites que la nature lui a tracées, dans sa rotation, se
retourne à l'orient d'où il envoie sa lumière au fluide

glacial, lequel a sa rotation tout comme le soleil lui-même, et qui forme de nouvelles étoiles. Le soleil présentera le même phénomène, par rapport aux étoiles, le matin comme le soir, dans un sens opposé. Le matin, le fluide glacial se trouvant en ligne directe du soleil, à une distance convenable, produira les étoiles les plus brillantes. Le fluide qui recevra le reflet obliquement produira des étoiles plus obscures. Même résultat a lieu le matin et le soir ; il y aura toujours quelques étoiles qui auront plus d'éclat que d'autres. L'étoile du matin et l'étoile du berger, qui est l'étoile du soir, auront le même éclat, parce que leur distance du soleil est la même le soir comme le matin, et qu'elles reçoivent tout le volume des rayons solaires.

A mesure que le soleil s'avance près des étoiles, elles perdent leur éclat de minute en minute, et le soleil les éclipse ainsi de suite, tour à tour. Il y a quelques années, une étoile se montra vers les trois heures de l'après-midi. Chacun pouvait la voir sans le secours d'aucun instrument. Cette étoile appartenait à un ciel beaucoup plus élevé que celui de nos étoiles ordinaires. Les comètes ne m'ont pas semblé être aussi élevées, et je croirais qu'elles occupent un espace intermédiaire. C'est un petit volume de fluide indépendant qui circule dans l'espace. Arrivé à une certaine distance du soleil, il reçoit la lumière de cet astre ; c'est ce qui fera la comète. Etant plus élevée que les autres fluides glacials, ce sera la première étoile que nous apercevrons. La suite du fluide de la comète produira également des étoiles, dont l'éclat variera selon la position du soleil vis-à-vis d'elles.

D'un autre côte , les cavités qui peuvent exister dans ce fluide glacial, qui ne recevrait qu'une partie des rayons solaires, formeront des étoiles plus obscures. Les fables qu'on nous débite sur les queues des comètes qui ont six cents millions de lieues, ne méritent pas qu'on s'y attache. Etoile, ou comète, peu importe, le soleil ne peut envoyer sa lumière à une telle distance. Etoile ou comète s'affaibliront en approchant du soleil. L'éclat de la comète pourra se maintenir plus longtemps par rapport à son élévation supérieure. En s'approchant de jour en jour du soleil, elle perd une portion de lumière, et le soleil finit par l'éclipser. Le soleil ne peut former sur ce fluide glacial que des étoiles qui regardent la partie céleste et qui sont invisibles pour nos yeux. Les comètes et les étoiles présentent à peu près le même phénomène que la lune, par rapport au soleil. Quand cet astre s'approche de la lune, elle perd chaque jour de son éclat, jusqu'à ce qu'elle disparaisse. Toutes les planètes qui approcheront le soleil éprouveront le même sort, à cause de l'élévation de cet astre. Lorsque le soleil sera à l'orient, il produira des étoiles à l'occident , et lorsqu'il sera à l'occident, il en formera à l'orient. Etant au midi, il formera des étoiles au nord; étant au nord , il en formera au midi.

Il faut toujours que le soleil soit à une certaine distance pour envoyer sa lumière aux planètes, soit à la lune, soit aux étoiles. L'étoile appelée *chevelue* est l'anneau du soleil qui concentre tous les rayons lumineux du soleil, ce qui produit sa chevelure. Dès que cette étoile se montre, elle paraît un jeune soleil. Tant il est vrai que le fluide glacial est le miroir du soleil et que tout le volume de cet astre est reflété dans ce fluide, ce qui fait que les rayons solaires forment la chevelure de l'étoile dont nous venons de parler.

Mais les étoiles ne reçoivent pas toutes la totalité du volume des rayons solaires ; de là vient l'inégalité de leur éclat. Une partie reçoit les trois quarts des rayons lumineux de cet astre ; d'autres, la moitié ; d'autres, un quart seulement. Ces dernières seront plus obscures ; elles n'auront pas les rayons variables qui sont produits par les rayons du soleil, attendu que cet astre ne peut en transmettre à toutes les étoiles. Les autres étoiles auront des rayons variables, en quantité plus ou moins grande, suivant leur position vis-à-vis du soleil. (Par rayons variables, je veux dire une lumière dont les rayons varient. Tout le reste se comprend aisément).

Les étoiles brillantes nous représentent les grands hommes de tous les siècles. Les uns sont grands, à cause des faveurs qu'ils reçoivent du souverain. Ils paraissent plus environnés d'éclat que les autres hommes ; mais lorsqu'ils approchent du monarque, ils sont à leur tour éclipsés par le prestige de sa puissance. Les planètes en s'approchant du soleil passent de l'éclat à l'obscurité, de même que le souverain peut changer la position des hommes éminents qui l'entourent. Ceux-ci éprouvent le sort de la comète ; ils peuvent, après avoir brillé, retomber pour quelque temps dans l'obscurité, sauf à reparaître ensuite sur la scène du monde ; car les hommes marquants sont de tous les temps et de toutes les époques. Plus des trois quarts des hommes sont privés de l'instruction qui est la lumière de l'homme ; ils sont dans la position des étoiles obscures. Le genre humain, sous ce point de vue, représente une planète vivante. Les gouvernements ont une rotation périodique. Le plus rude esclavage est suivi de la liberté; l'excès de la liberté ramène aussi l'esclavage ; tout se succède tour à tour.

DIX-HUITIÈME ENTRETIEN.

DES PHASES DE LA LUNE.

Les quatre phases de la lune sont occasionnées par
la marche supérieure du soleil. Si le soleil avait à parcourir dans sa rotation journalière trois cent soixante
degrés en vingt-quatre heures , sa marche supérieure ,
par rapport à la lune , serait de douze degrés par jour.
Mais comme il ne parcourt tout au plus que le tiers de
ces trois cent soixante degrés , la supériorité de sa
marche , comparée à celle de la lune , est d'environ
quatre degrés par jour. — Au moment de la nouvelle
lune, le soleil étant éloigné de quatre degrés , lui envoie
une faible partie de sa lumière , formant le quart d'un
petit cercle ; c'est la nouvelle lune. A mesure qu'il s'en
éloigne davantage, il peut lui en envoyer une plus grande
partie , au bout de sept jours , ce qui fait le premier
quartier de la lune. Par sa supériorité de rotation , le

soleil augmente chaque jour le volume de lumière de la
lune ; et lorsqu'il est arrivé à soixante degrés , son plus
haut point d'éloignement , la lune reçoit la totalité du
volume de la lumière du soleil ; alors , c'est la pleine
lune. Au bout de quatorze jours, le soleil a devancé la
lune d'une demi-journée ou de douze heures environ.
Comme il se trouve à l'orient , au lieu d'être devant la
lune , c'est elle qui se trouve devant le soleil. La partie
occidentale de la lune a reçu , la première , la lumière du
soleil ; dans la nouvelle lune, les choses vont se passer
à l'inverse , et ce sera la partie orientale de la lune qui
se trouvera obscurcie la première , à son dernier quartier. En s'approchant tous les jours davantage de la lune,
le soleil lui fait perdre chaque jour une partie de son
éclat. Le soleil étant à une plus grande hauteur procure
de l'ombre à la partie orientale de la lune, en s'avançant
près d'elle. De sorte , qu'à la fin de son dernier quartier , la lune semble entourée d'un brouillard ; elle finit
par être totalement privée de la lumière du soleil , pour
recommencer ensuite , et ainsi continuellement.

La lune est donc l'indice de la marche du soleil. La
partie lumineuse est toujours tournée du côté de l'astre.
Les astronomes se trompent lorsqu'ils nous disent que
la lune est entre la terre et le soleil. La terre est indépendante du soleil et de la lune ; elle est immobile ,
tandis que le soleil et la lune marchent tous deux. Si,
comme ces messieurs le prétendent , le soleil était immobile au centre de la terre , la lune parcourrait ses
quatre phases en vingt-quatre heures. A son lever ,
toute sa partie occidentale serait éclairée par le soleil ;

elle serait à l'état de pleine lune. A mesure qu'elle s'avancerait vers le soleil, elle perdrait de son éclat. Lors qu'elle l'aurait dépassé de quatre degrés , en suivant sa marche vers l'occident , ce serait alors la partie orientale qui se trouverait éclairée, et la partie occidentale serait dans l'ombre. En s'éloignant du soleil de plus en plus , et arrivé à son périgée , c'est-à-dire à son plus grand éloignement, elle passerait à l'état de pleine lune ; et il est évident qu'elle serait pleine lune deux fois le jour , non pas régulièrement, tout à fait , à cause du retard de sa marche.

Je le répète, les phases de la lune auraient lieu comme je viens de le dire , si le soleil était immobile.

C'est à tort qu'on ferait intervenir la terre dans les phases de la lune auxquelles elle est étrangère. En supposant même que la terre tournât , votre système n'en serait pas moins erroné. Car, la terre tournant autour du soleil , une maison qui aurait quatre façades recevrait , sur chaque façade , la lumière du soleil , de six en six heures, tour à tour.

Un homme qui regarderait le soleil à son lever, a son ombre derrière lui ; que cet homme demeure huit heures sans quitter la même position , le soleil est parvenu au méridien , et l'homme ne peut plus voir cet astre , sa figure étant dans l'ombre par rapport à son chapeau ; il faut, pour voir le soleil, qu'il lève la tête.

A midi, quand le soleil s'approche de la lune, celle-ci se trouve privée de la lumière de cet astre ; mais elle ne peut , comme l'homme dont nous parlions plus haut , lever la tête pour le voir.

Supposons deux hommes marchant ensemble sur une route. Celui qui se trouve derrière porte un fallot ; il projette de l'ombre au-devant de celui qui marche le premier. Mais si celui qui marchait en arrière , et qui figure le soleil , dépasse l'autre par sa marche plus rapide , il projettera de l'ombre à celui qu'il a dépassé ; mais alors , ce sera du côté opposé.

Le même résultat se manifeste dans les phases de la lune ; la même cause le produit. Toutes les ombres sont le résultat de la rotation du soleil , et les phases de la lune sont les conséquences de la supériorité de la marche du soleil.

La plupart, ou plutôt la presque totalité des personnes qui ont un peu étudié l'astronomie , se sont pour ainsi dire fanatisées pour cette science ; leur amour-propre tient essentiellement à avoir retenu quelque chose des leçons qu'on leur a données. Leur intelligence ne leur sert de rien , et elles soutiennent avec obstination les erreurs qu'on leur a inoculées. Je les compare à ces fanatiques qui, désespérant de vous convaincre, prennent la fuite , en criant à tue-tête : « Nous ne voulons rien savoir. »

Je m'entretenais un jour avec un parleur émérite , lequel faisait briller en phrases sonores ses connaissances astronomiques. Je lui répondis : Tout ce que vous dites prouve que vous êtes instruit ; mais lorsque vous soutenez que le soleil est immobile au centre de la terre et que la terre tourne autour de cet astre, vous ne faites pas appel à votre jugement. Permettez-moi une simple observation. Une éclipse a eu lieu, en 1836 , vers les trois heures de l'après-midi ; la lune se dirigeant vers l'occident, et le soleil étant sur la même ligne et suivant la même route, il atteint la lune, par sa marche supérieure, à trois heures de l'après-midi. C'est alors qu'a eu lieu l'éclipse que tout le monde a pu voir. Or, si le soleil était immobile, aurait-il pu atteindre la lune? Le bon sens vous dira que c'est impossible. Il aurait donc fallu que la lune s'arrêtât, et, faisant demi-tour, rétrogradât vers l'orient pour éclipser le soleil. Nous savons que le soleil a dépassé la lune, et que celle-ci a continué sa marche vers l'occident, à la suite du soleil.

Cette preuve, tirée de l'éclipse, est irrécusable. Il en est de même des preuves tirées des phases de la lune. Je le répète, si le soleil était immobile, la lune n'aurait que deux phases; il n'y aurait jamais de nouvelle lune, ou plutôt elle se renouvellerait chaque jour, sauf lorsqu'elle opère son ascension du nord au sud et du sud au nord.

DIX-NEUVIÈME ENTRETIEN.

DES CAUSES DU FROID ET DE LA CHALEUR.

Les astronomes nous disent que , quoique la terre ne soit pas toujours à une distance égale du soleil , ce n'est point à cela qu'il faut attribuer le froid de l'hiver et la chaleur de l'été. Ils ajoutent qu'à la fin de décembre , la terre est de douze cents mille lieues plus rapprochée du soleil qu'à la fin de juin. Les hautes montagnes sont , en tous temps , plus près du soleil que les plaines ; et cependant , si l'on gravit ces montagnes pendant les jours les plus chauds de l'été , on y trouvera des glaces qui ne fondent jamais.

Un autre auteur dit que , plus on se rapproche du soleil , soit en gravissant les hautes montagnes , soit par une ascension aérostatique , plus on éprouvera de froid. Les Landes ou Cordilières , situées dans la zône torride , sous l'équateur, ont leurs sommets couverts de neiges éternelles. Ce même auteur ajoute que la terre est un million de fois plus rapprochée du soleil pendant l'hiver que pendant l'été.

On voit que sur ce point, comme sur beaucoup d'autres, les auteurs et les astronomes ne s'accordent pas. Ceux-ci disent que la terre est plus près du soleil d'un million de lieues en hiver qu'en été ; ceux-là disent de douze cent mille lieues ; c'est donc deux cent mille lieues de différence dans les calculs.

Ces messieurs doutent que ce soit la chaleur du soleil qui échauffe la terre ; ils prétendent que c'est l'agitation des rayons de l'atmosphère de cet astre qui échauffe l'atmosphère de la terre. Enfin , ils nient que la terre contribue en rien à la formation des arbres et des plantes. Je présume que ces Messieurs finiront par ensemencer l'atmosphère ; chose qui ne serait pas plus difficile que de mesurer la distance des étoiles à la terre, et d'évaluer cette distance à trois ou quatre millions de lieues. Si quelque propriétaire avait une entière confiance dans les astronomes, il ferait bien d'ensemencer le toit de sa maison. Dans le cas où un pareil essai ne réussirait pas, on en serait quitte pour la semence qu'on aurait jetée.

Pour moi, je soutiens, d'après la raison, que c'est l'éloignement du soleil qui nous donne l'hiver, et que cet astre nous amène l'été, lorsqu'il se rapproche de nous. Pour que la chaleur du soleil devienne presque nulle par rapport à nous, il suffit qu'il s'éloigne de trente degrés de l'hémisphère où nous habitons. Je ne calcule pas mes distances par cent mille , ni par millions , encore bien moins par milliards , comme font Messieurs les astronomes. Mais si j'évaluais la distance du soleil à la terre seulement à autant de milliers de lieues que les astronomes de millions , la terre serait une glacière perpétuelle. Ils disent que le soleil est à trente-quatre millions de lieues de nous ; en changeant leurs millions en mille , la hauteur du soleil serait de trente-quatre mille lieues. Ces deux évaluations ne sont pas plus exactes l'une que l'autre ; mais quoiqu'il y ait entre elles une immense différence , si l'on admettait seulement la plus modérée, je soutiens que la chaleur du soleil ne se ferait point sentir à la terre.

VINGTIÈME ENTRETIEN.

D'OU PROVIENNENT LES VENTS.

On dit que le météore aérien, auquel on donne le nom de vent, est produit par le mouvement rapide de l'air. Ce phénomène, accompagné du déplacement de l'atmosphère, a la plus grande ressemblance avec l'agitation des flots de l'océan par les courants ou par la tempête. Un auteur présente un nouveau point d'analogie entre ces deux phénomènes, d'après les observations faites par lui sous l'équateur. Ainsi, les vents seraient, à proprement parler, des courants d'air. Cette manière de définir les vents n'est pas une définition satisfaisante pour moi.

Je présume que tous les vents sont d'une même nature, quelle que soit la dénomination qu'on leur donne; *bise* ou *vent*. Parmi les diverses conjectures qu'ils ont établies à cet égard, nos astronomes ont avancé que toutes les causes susceptibles d'occasionner une rupture d'équilibre dans l'atmosphère , produisent aussi les vents. Ces causes sont en grand nombre , et appartiennent au domaine de la physique. Les astronomes attribuent les vents : 1° à l'attraction du soleil et de la lune ; 2° au passage du fluide électrique de la terre dans l'atmosphère , et réciproquement ; 3° à la vaporisation de l'eau et à la raréfaction des vapeurs ; 4° à la chaleur et au froid ; 5° au mouvement de rotation de la terre.

Mais tous ces savants sont dans l'erreur au sujet des véritables causes qui produisent les vents. 1° Le mouvement de rotation de la terre , en supposant qu'il existât , ne pourrait contribuer à la formation des vents , et ne produirait qu'une agitation dans l'air. Tout déplacement opéré dans l'atmosphère , de quelque nature qu'il soit , ne peut qu'agiter l'air et n'est pas capable de rien former ; 2° la chaleur et le froid sont en opposition l'un de l'autre ; la chaleur est la nature vivante ; le froid , c'est la nature morte ; ils ne peuvent pas contribuer dans un ensemble à former les vents ; 3° l'attraction du soleil et de la lune (en admettant que cette attraction existât), ne contribuerait pas non plus à former les vents ; elle ne pourrait qu'arrêter le cours de leurs variations , attendu qu'elle s'exercerait sur un fluide plus léger que les planètes. Les forces d'attraction de ces deux astres attireraient les vents avec plus de facilité , et les contraindraient à suivre le mouvement de rotation soit du soleil , soit de la lune. Tout homme , doué de jugement comprendra que l'objet attiré par une force quelconque est obligé de suivre le mouvement de la force à laquelle il obéit.

Nous savons que tous les êtres qui composent la grande famille humaine sont de même espèce ; qu'ainsi l'on ne saurait assigner dix causes différentes à la formation de l'homme. Il en est de même à l'égard des vents ; ils doivent naissance à une seule et même cause. L'air est un élément ; il doit naissance à un autre élément qui est le feu. Le soleil contribue plus puissamment à former les vents que tous les volcans et tous les feux de l'univers. Les vents n'ont pas toujours la même force. Lorsqu'un courant d'air passe dans le voisinage de la zône torride, ces vents acquièrent une force et une violence nouvelles, qui sont dues aux rayons solaires ; car la chaleur du soleil, qui est le principe de l'air, donne une force de répulsion à tous ces courants d'air. A mesure que les vents s'éloignent du soleil, ils s'affaiblissent et perdent leur force, surtout en s'approchant du pôle nord. Tous les jours une partie des vents se perd et se renouvelle. La pluie, le serein, la rosée, la neige occasionnent la chûte des vents, de même que les feux et le soleil contribuent à leur formation.

VINGT-UNIÈME ENTRETIEN.

ORIGINE DE LA TERRE.

Quelques savants ont expliqué l'origine de la formation de la terre de la manière suivante :

A une époque très-reculée, le globe terrestre éprouva
un degré de chaleur si extraordinaire que toutes les
matières qui le composent actuellement passèrent à l'état
de gaz, à tel point que la terre présentait un immense
volume de vapeurs. La cause qui avait produit toutes ces
matières ayant cessé, l'action du refroidissement dut
commencer ; et, par l'effet de ce refroidissement, les
matières liquides passèrent insensiblement de l'état liquide à l'état solide. Il se forma donc une croûte solide qui enveloppa la masse des matières à l'état liquide,
de même que la coquille d'un œuf en contient le blanc

8

et le jaune. Avec le temps, cette croûte solide s'épaissit, et un moment arriva où la température fut assez froide pour que les vapeurs d'eau qui enveloppaient la croûte tombassent sur elle en pluies. Telle aurait été l'origine des mers.

Les savants, dont je viens de citer les opinions, ajoutent que, selon toute évidence, dans le principe et l'origine de la formation, cette croûte solide a dû avoir très-peu d'épaisseur ; qu'elle était soutenue et nageait, pour ainsi dire, sur le noyau des matières fondues. La surface de la terre, à cette époque, était plane et unie, sans montagnes, ni collines. Tout porte à croire que les eaux des mers couvrirent d'abord l'univers entier. La Genèse le dit positivement, et plusieurs poètes de l'antiquité le disent aussi.

Voici maintenant les réflexions que je fais sur les conjectures établies au sujet de l'origine de la terre. Admettre qu'il y avait matières de terre, de roche et de toutes sortes de minéraux, c'est détruire l'origine de la terre, puisqu'elle existait avant cette refonte. Admettons encore que la terre fût trop vieille, et que Dieu ait voulu, par cette refonte, la renouveler pour la rendre plus unie, de même que le genre humain a été renouvelé par le déluge. Mais si les savants dont j'ai développé plus haut le système, eussent été verriers ou fondeurs, ils se seraient rendu compte de l'impossibilité matérielle de ce même système ; ils auraient compris qu'il eût fallu que la croûte solide dont ils parlent eût été déjà faite pour contenir le liquide, à mesure qu'il entrait en fusion ; car s'il en eût été différemment, ce serait comme si l'on voulait introduire ces liquides dans un vase fêlé. Le liquide se perdrait inévitablement.

On nous dit encore que les mers se formèrent lorsque cette croûte fut devenue assez solide pour contenir les eaux pluviales. Cependant, cette matière fondue avait rendu le sol uni sur tous les points ; il n'y avait ni montagnes, ni collines ; par conséquent, pas de rivières, ni de mers ; la terre devait être sèche, les vapeurs ne pouvant produire que la rosée. En conséquence, il ne pouvait y avoir de pluie, puisque ce sont, comme on le sait, les nuées qui puisent leur charge dans les mers pour les transmettre ensuite à la terre ; or, puisqu'il n'y avait pas de mers, les nuées ne pouvaient en pomper les eaux ; dès-lors, il ne pouvait y avoir de pluie. S'il n'y avait ni lacs, ni rivières, ni mers, il ne tomberait pas de pluie. Car, pour former une mer, il faudrait que les nuées pussent puiser les eaux dans une autre mer, pour en former une masse nouvelle. Ainsi, le système de messieurs les savants qui expliquent, comme je l'ai dit, l'origine de la terre et celle des mers, pêche par la base.

Un autre auteur considère la terre comme un soleil éteint, comme un fragment de l'astre qui nous éclaire. Il dit que ce fragment aurait été détaché du soleil par le choc d'une comète, et qu'une partie aurait formé les montagnes. Mais ne redoutons pas le choc des comètes, qui n'atteindront jamais le soleil, puisqu'elles sont plus basses que ce roi des astres.

On voit que les savants et les astronomes ne sont pas d'accord entre eux, pas plus sur ce point que sur bien d'autres, et que toutes leurs conjectures reposant sur le vague, sont combattues par la plus simple intelligence. Tout homme de sens comprendra que si le soleil eût été ébréché par la rencontre d'une comète, il ne serait pas rond, comme nous le voyons.

DU DÉLUGE ET DE SES CAUSES.

Le déluge est difficile à admettre ; a-t-il eu lieu ou non? c'est d'abord le point à résoudre. La raison peut seule se faire jour à travers ces ténèbres. On dit : le déluge a existé, puisque tous les peuples en font mention. Je ferai observer que tous les peuples ont tiré ces renseignements des vieux testaments de l'antiquité, lesquels ont été écrits sous les inspirations et dans l'intérêt des prêtres, pour venir à l'appui de cette idée, devenue en leurs mains un moyen d'intimidation : à savoir que Dieu, dans sa toute-puissance, ferait périr les infidèles qui n'obéiraient pas à ses commandements.

Tous les cultes qui se sont succédé ont admis cette croyance au déluge. Plusieurs sectes religieuses avaient pris naissance depuis Adam jusqu'à Noé. Chacune d'elles prétendait avoir raison, et chacun des fondateurs de ces différentes sectes aspirait à tenir le rang suprême. Noé, en législateur habile, essaya de ramener les peuples à l'unité religieuse. C'est dans ce but qu'il établit un règlement de morale dont la base était la foi en l'Église, représentée par son arche, qui a été remplacée depuis par l'Église ou l'arche de Jésus-Christ. Mais une vive opposition s'éleva contre la prétention de Noé; les sectateurs des divers cultes ne voulurent pas reconnaître sa suprématie, ni se soumettre à l'universalité qu'il avait le projet d'établir en faveur de son Église. De là une guerre d'extermination sur toute la surface des terres habitées; les plus hautes montagnes furent couvertes de sang. De tout temps, et à toutes les époques, les guerres de religion ont été celles qui ont vu commettre le plus de crimes. Car l'intolérance a toujours existé; tous les cultes ont voulu s'imposer, et tous ont persécuté les dissidents. Il n'en est pas un qui ne prétende faire adopter ses croyances, et qui ne fasse remonter l'origine du monde à l'époque qu'il juge à propos de lui assigner.

Il me semble, d'ailleurs, que l'esprit de la religion chrétienne est en désaccord avec la croyance au déluge. Car l'Évangile nous dit : Dieu est bon. Et, en effet, la bonté doit être un des attributs de la divinité. Au surplus, Dieu ne nous a-t-il pas laissé le libre arbitre? En nous rendant ainsi maîtres de nos actions, pendant cette vie, il s'est réservé le droit de nous punir ou de nous récompenser, dans l'autre, suivant le mal ou le bien que nous aurons pu faire. Comment supposer alors qu'il ait voulu faire périr les hommes par un déluge universel?

Si nous examinons maintenant sur quelles bases s'appuyent les conjectures nombreuses auxquelles le déluge a donné lieu, nous voyons que les auteurs qui ont traité cette question s'appuyent pour décider que le déluge est un fait incontestable, sur les fossiles et divers coquillages qui appartiennent à la mer.

Mais cette raison n'est pas concluante. Car, en ce qui concerne les éléphants et même des animaux d'une grosseur supérieure, on sait qu'ils peuvent être domestiques. On n'ignore pas non plus que, de tout temps, les hommes ont été en butte à des persécutions. Les riches, qui possédaient quelques-uns de ces animaux, les chargeaient des objets les plus précieux, lorsqu'ils étaient obligés de s'exiler pour éviter les persécutions. Ces émigrants se répandaient dans les diverses contrées de la terre, jusqu'à ce qu'ils rencontrassent un sol hospitalier. Quelques-uns d'entre eux croyaient peut-être à la métempsychose, et quand leurs éléphants, ou les autres animaux qu'ils avaient emmenés, mouraient, ils leur rendaient les honneurs de la sépulture, dans la persuasion que l'âme d'un de leurs ancêtres habitait le corps d'un de ces animaux. C'est ainsi que, maintenant encore, dans le royaume de Siam, l'éléphant blanc est servi dans des vases d'argent, parce que, dit-on, l'âme d'un roi passe dans le corps de cet éléphant.

Il est bon de remarquer que les os des animaux terrestres que l'on a trouvés enfouis, n'étaient qu'à sept ou huit pieds de profondeur, tandis que les fossiles marins se trouvent enterrés à une profondeur beaucoup plus grande. Or, si la disparition de ces animaux terrestres était le résultat du déluge, les os de ceux qui ont péri se seraient mêlés avec les fossiles provenant de la mer ; car leurs os étant plus lourds, ils auraient dû s'enfoncer dans la terre bien plus avant que ces derniers. Mais voici

quelque chose de plus rationnel encore. Si la terre eût
été ravagée par le déluge, les fossiles qui auraient pris
naissance dans les eaux les auraient suivies lorsqu'elles
se seraient retirées, et ne seraient pas demeurés à sec
sur la terre. Ce raisonnement est logique, et le jugement
le saisit sans difficulté.

On ne doit pas ignorer que les eaux de la mer pénètrent jusque dans le sein de la terre, traversent quelquefois des contrées entières pour aller aboutir dans une
autre mer. C'est ainsi que l'on prétend que la mer Noire
a une communication souterraine avec la mer Caspienne,
parce que, dans quelques endroits des terres qui sépa-
rent ces deux mers, le sol fléchit et craque sous les pieds
des voyageurs.

Nous citerons encore pour exemple l'inondation de
Lyon, en 1840. Des vieillards centenaires ou nonagé-
naires ont affirmé qu'ils avaient vu des pluies plus longues et plus suivies, et que pourtant les inondations n'a-
vaient varié que de trois ou quatre pieds, tandis qu'en
1840, les eaux se sont élevées de plus de quinze pieds
au-dessus du niveau atteint par les inondations précédentes. Cela prouve qu'il faut plusieurs siècles pour que
de pareils cataclysmes se reproduisent. On ne peut donc
les expliquer qu'ainsi: lorsque la mer est tourmentée par
une tempête extraordinaire, elle refoule les eaux dans
les entrailles de la terre. Alors les eaux pluviales qui ne
peuvent pénétrer bien avant dans la terre, qui se trouve
remplie et ne peut plus les recevoir, se mettent en communication avec les eaux de la mer. C'est ce qui produit
le dégorgement.

Plusieurs fois, des habitants des campagnes ont vu avec surprise des fontaines jaillir au milieu de leurs champs. Un paysan a affirmé avoir trouvé un poisson dans un trou, au milieu de sa terre. Pareille chose est arrivée en Hollande, il y a trois siècles. Un seigneur aperçut un poisson de mer dans un fossé de ses domaines, lesquels étaient à sept lieues de la mer. Il fait aussitôt ce raisonnement : puisque la mer vient jusqu'ici, fait que la présence de ce poisson me démontre, elle doit s'étendre plus avant. En conséquence, il vendit ses terres, et, sept à huit ans plus tard, ces terrains étaient engloutis. On assure que le clocher de l'église se voyait encore à la surface des flots.

Un autre fait s'est passé en Amérique. On creusait la terre pour faire un puits ; arrivé à quinze pieds de profondeur, l'ouvrier, en donnant un coup de pioche, trouve de la résistance. Il croit d'abord qu'il a heurté une roche ; mais, au second coup, il voit du sang, et ne tarde pas à reconnaître que c'était une grosse tortue de mer. Sans doute, si cette tortue n'eût pas été vivante, on n'aurait pas manqué de la classer parmi les fossiles ; on aurait conclu de là que cette contrée avait été submergée par les flots de la mer.

Il me paraît démontré, par les exemples qui précèdent, que les fossiles marins ont été refoulés par la mer, dans ses tourmentes, et ont suivi la direction des eaux. Or, ces eaux, arrivées au sein de la terre, ont dû rencontrer une résistance produite par un fragment de terre solide qui a formé digue ; les eaux se trouvant alors arrêtées, et, d'un autre côté, toujours refoulées

par la mer, sont montées dans le creux des rochers, jusqu'à une certaine hauteur; c'est là ce qui a fait surgir
des fontaines et des sources momentanées. Les fossiles
peuvent s'introduire partout où il se rencontre des cavités. Puis, lorsque la mer redevient calme, les eaux se
retirent; celles qui sont dans les interstices de rochers
ou dans les trous, y séjournent. Puis, qu'une perturba-
tion ait lieu, soit par un tremblement de terre, soit par
toute autre cause qui fasse éprouver un éboulement à la
terre et comble tous ces trous en même temps qu'il en
ouvre d'autres, il arrive alors que cette terre ne forme
plus qu'un mortier, et que les fossiles qui s'y trouvent,
périssent. Car la chaleur des feux souterrains pétrifie en
même temps la terre et les fossiles. Par conséquent, si
cette terre passe à l'état de roche, il y aura des fossiles
au-dedans.

En résumé, partout où les eaux de la mer filtreront à
travers la terre, il y aura des fossiles; partout ailleurs,
il n'y en aura pas. On trouvera donc toujours plus de
fossiles en certains endroits qu'en d'autres; cela dépendra de la plus ou moindre quantité que la mer en
laissera en se retirant.

Je le répète, tous les fossiles ne sont pas le résultat du
déluge. Lorsque la mer éprouve le flux et le reflux, les
fossiles suivent le cours des eaux, et ne restent pas sur
le rivage. S'ils fussent demeurés sur la terre, ils auraient
crevé immédiatement; les vers et les oiseaux de proie
auraient fait leur pâture de ces cadavres; l'air et le soleil auraient séché leurs os, qui se seraient réduits en

poussière, et ce qui resterait serait totalement défiguré et méconnaissable.

DE LA FORMATION DES MONTAGNES.

Un auteur prétend que les montagnes doivent leur origine au flux et au reflux de la mer, alors que la terre était couverte par les eaux. Ces suppositions ne sont fondées que sur l'erreur ; car si la terre eût été unie, le poids de l'eau aurait affaissé la terre ; les corps durs auraient opposé résistance, et commencé à se montrer à la surface des eaux. Le flux et le reflux auraient laissé voir ces montagnes naissantes pendant six heures ; et, pendant six heures, elles auraient été couvertes par les eaux, soit au nord et au midi, soit à l'orient et à l'occident.

Si ces montagnes fussent sorties des eaux, et qu'elles eussent pris une croissance journalière, les tempêtes qui seraient survenues pendant cet intervalle, auraient passé sur ces montagnes, et auraient entraîné toute la terre qu'elles auraient pu renfermer. Mais, que dis-je ? un enfant ne sort-il pas tout nu du sein de sa mère ? Il en aurait été de même des montagnes qui seraient sorties du sein de la terre. Continuellement battues par les vagues et par le flux, depuis leur pied jusqu'à leur sommet, elles n'auraient pu avoir un seul pouce de terre. Lorsqu'il y a des quartiers de roche au milieu d'un fleuve, les eaux du fleuve venant à grossir et à passer par-dessus ces roches, entraîneraient la terre qui pourrait s'y trouver. De même, si les montagnes eussent été formées par les eaux du déluge, elles seraient entièrement nues et privées de toute végétation et de toutes les choses nécessaires à la vie de l'homme. Cependant la preuve du contraire est sous nos yeux. Il existe des montagnes très-fertiles et produisant les mêmes récoltes que la plaine. Si les montagnes fussent sorties des eaux, elles ressembleraient à des squelettes, sans chair et sans vie ; car elles seraient privées de la terre, qui est comme leur chair et qui est l'aliment de la végétation. Elles ne seraient que les ossements du sol.

J'en reviens au flux et au reflux, qu'on prétend avoir produit les montagnes. Or, il y a des montagnes sur toute la surface du globe, et cependant, le flux et le reflux ne se manifestent pas pour toutes les mers. Il en eût été de même à l'égard de la partie terrestre ; le flux et le reflux n'auraient eu lieu que dans la direction des vents. C'est ainsi que nous voyons certains lacs sujets au flux et au reflux, tandis que d'autres ne les éprouvent pas.

Donc, il est impossible d'admettre que les montagnes doivent leur origine au flux et au reflux.

D'autres auteurs prétendent que c'est une éruption volcanique qui a produit les montagnes, mais il aurait fallu qu'il existât primitivement des chaînes de volcans pour produire des chaînes de montagnes d'une étendue de cinq ou six cents lieues ; on se fonde sur ce que les volcans sous-marins ont formé des îles dans la mer. Ce raisonnement n'est pas juste. Les îles qui apparaissent à la suite d'une éruption, ne sont pas d'une grande dimension. Si l'éruption a lieu en pleine mer, à un endroit où il n'y ait que cinquante mètres d'eau de profondeur, et que l'éruption ne fasse soulever que vingt-cinq mètres de terre, l'île restera à moitié plongée dans l'eau. Si la terre était soulevée de cinquante-deux mètres, l'élévation se trouverait de deux mètres à la surface de l'eau. La hauteur de ces îles dépendra toujours des variations de la profondeur de l'eau et de la force de l'éruption. Mais ces éruptions pourront bien faire soulever de la terre, jamais des montagnes. Et encore le volume soulevé sera-t-il proportionné à la force de l'électricité, laquelle a dans le sein de la terre un parcours de cent lieues, plus ou moins, et qui, parvenue à une limite où elle est arrêtée par un obstacle, ne trouve plus d'issue pour son passage, et éprouve une résistance. L'électricité, comprimée alors par la digue qu'opposent des terres solides, où il n'y a point de cavités, et la suite de l'électricité augmentant la compression qui devient de plus en plus forte, fait éprouver une commotion à la terre pour se frayer passage. Si cette commotion se fait ressentir peu avant dans la terre, et au-dessous d'une ville, de grands malheurs en pourront résulter.

Ainsi l'électricité, de même que l'eau, se fraye toujours un passage. Si l'on élève, au bord d'un fleuve, une digue pour se garantir des débordements, les eaux pourront un jour s'élever à une telle hauteur qu'elles entraîneront la digue ou se jetteront par dessus.

Ce ne sont point les volcans qui font surgir les nouvelles îles. Les volcans ravagent et consument la terre, et ne la font point soulever. Tout ce qui se trouve au sommet de ces volcans finira, tôt ou tard, par s'engloutir. C'est donc l'électricité qui, arrêtée dans son parcours, produit ces soulèvements de terre, parce qu'alors elle fera explosion pour se frayer un passage. Si cela arrive en mer, il se produira, à la surface des flots, un bouillonnement qui durera plus ou moins, suivant la profondeur de l'eau, pendant l'espace de temps nécessaire au passage de l'électricité, et à son évaporation dans l'atmosphère.

Si l'éruption se manifeste à un endroit où l'eau est peu profonde, on pourra voir la terre se soulever. Si l'explosion se fait sentir à quinze ou vingt mètres de profondeur de plus dans la terre, cette surcharge de vingt mètres de terre étant trop considérable, la force électrique se fraye passage. Malgré toute la compressibilité de la force d'électricité qui se trouve amassée, elle ne pourra soulever la terre. Il en serait de même d'un homme qui voudrait soulever un poids au-dessus de ses forces; il pourra bien lui imprimer un mouvement, mais non le faire changer de place. Tel est le résultat de l'électricité, qui ferait éprouver une commotion à la terre sans la déranger de place; c'est ce qui produit les tremblements de terre. Cette électricité, qui est amassée, oppose une force répulsive à toute la quantité qui viendrait accroître son volume. Dans son parcours, elle peut occasionner des tremblements de terre à cent lieues de distance, jusqu'à ce qu'elle trouve un passage qui favorise son évaporation.

Si les montagnes étaient formées par les volcans, il y aurait au-dessous de ces montagnes un vide propor-

tionné au volcan qui les aurait produites; par conséquent, il y aurait autant de chaînes de cavités qu'il y
aurait de chaînes de montagnes. La mer finirait par s'y introduire, et une communication s'établirait ainsi d'une mer
à une autre. Qui pourrait maintenir ces masses de montagnes à la surface de la terre, si elles eussent été formées par les volcans? Rien ne pourrait les soutenir, puisqu'elles reposeraient sur un vide. Si elles eussent été produites par les volcans, on les aurait vues, peu de temps
après leur élévation, disparaître et redescendre dans le
sein de la terre, de même qu'elles en étaient sorties, et
la terre se serait trouvée plate et unie comme auparavant.

Toutes les terres qui seront soulevées par une éruption électrique, finiront toujours par s'engloutir et remplir le vide que ce soulèvement aura produit. Une autre
preuve positive que ce ne sont pas les volcans qui produisent les montagnes, c'est qu'au-dessous des mines de
houille il y a des volcans; c'est le feu souterrain de ces
volcans qui, en se consumant, cuisent la pierre et la trans-
forment en charbon. Mais comme il n'y a aucune ouver-
ture, ces volcans ne font éprouver aucun soulèvement,
ni aucun passage pour l'air. Le charbon éprouve toute
la chaleur du volcan, qui est concentrée dans la terre,
puisque ce charbon est couvert par une certaine quantité
de terre. Il en est de même du charbonnier, lorsqu'il ar-
range dans sa charbonnière le bois qu'il destine à faire du
charbon. Il couvre ce bois de terre, en laissant seulement un petit trou pour maintenir le feu, jusqu'à ce que
la cuisson soit à point.

Je le répète, toutes les villes placées dans le voisinage des volcans finiront par s'engloutir.

La terre n'a point eu de commencement et n'aura pas de fin. Il n'en est pas de même du soleil ; il a eu son commencement, et il aura sa fin. On peut bien savoir approximativement l'époque de la création du monde, ou plutôt de son renouvellement ; car le monde a existé de toute éternité. Cependant, on ne saurait douter que la terre n'ait subi de grandes perturbations, à la chûte du premier soleil. Car alors, ne recevant plus de chaleur de cet astre qui s'était éteint, la terre et l'atmosphère ont éprouvé une congélation universelle, laquelle a duré jusqu'à la formation du nouveau soleil. C'est là ce qui a changé la position des mers et a pu en produire de nouvelles. Lorsque ce nouveau soleil a eu acquis une plus grande dimension, son degré de chaleur s'est augmenté de jour en jour dans sa rotation. Il a fait alors éprouver à l'atmosphère un dégel qui a occasionné le déluge, et qui a produit des lacs, des étangs et des mers. Toutefois, ce déluge n'a point été universel ; l'eau s'est répandue d'un bout à l'autre de la terre, c'est ce qui a donné naissance aux mers. Mais si tout le fluide glacial eût subi le dégel, la terre n'aurait plus été qu'un vaste Océan, et le monde aurait pris fin. La moitié de ce fluide glacial est restée, et circule dans l'atmosphère. C'est lui qui reçoit la lumière du soleil, et en forme les étoiles que nous voyons chaque soir.

La grande distance qui sépare ce fluide du soleil, est cause que la chaleur de cet astre est nulle et ne peut provoquer le dégel de ce glacier. Si par malheur il se formait un nouveau soleil, dans la rotation de ce fluide glacial, ce soleil ferait dégeler ce fluide, et nous verrions un nouveau déluge.

Il n'est pas douteux qu'originairement la terre ne fût égale sur toute sa surface ; que les hautes montagnes n'existaient pas, et qu'elles n'ont dû se montrer qu'à l'époque du déluge. Les pluies torrentielles qui sont tombées alors ont affaissé la terre et la font resserrer chaque jour ; tandis que le volume des montagnes augmente chaque jour, parce que les rochers ne s'affaissent pas. Les montagnes les plus élevées nous démontrent la hauteur de la terre dans les temps reculés. L'eau a fait sortir les montagnes du sein de la terre ; elle a produit des collines, des précipices, partout où il y avait de la terre mouvante entre deux rochers. On trouve des routes de dix à douze lieues de longueur entre deux chaînes de montagnes. Cela prouve qu'il y avait entre ces deux chaînes de montagnes de la terre mouvante que les pluies ont affaissée ; c'est ce qui a produit les montagnes. Dans tous les endroits où il ne s'est point trouvé de chaîne de rochers dans le sein de la terre, celle-ci s'est affaissée d'une manière égale ; c'est ce qui a produit les plaines. Dans un champ semé de pommes de terre ou de raves, s'il vient à pleuvoir pendant sept ou huit jours, la terre se trouvera battue ; elle s'affaisse ; les pommes de terre sont découvertes, les raves sortent de six pouces au-dessus du sol ; il en a été de même par rapport aux rochers.

Je le répète ; ce vaste univers est sans fin et sans limites. Il peut renfermer cent mille lieues d'étendue qui soient dans le néant. Il peut y avoir aussi deux millions de lieues éclairées par divers soleils. Les quatre parties du monde qui nous sont connues ne doivent être considérées que comme quatre petites îles comparativement à l'étendue de l'univers qui est immense, ou plutôt infinie.

VINGT-DEUXIÈME ENTRETIEN.

DU MOUVEMENT D'ATTRACTION.

L'admirable et fameuse découverte des lois du mouvement d'attraction de la terre, était réservée à Newton, philosophe anglais, né en 1642. Un jour qu'il se promenait dans son jardin, en cherchant la solution de ce grand problème, une pomme qui se détacha d'un arbre et lui tomba sur le pied, lui donna l'idée de l'attraction. Il reconnut aussitôt que la terre exerçait sur tous les corps à sa surface une attraction en vertu de laquelle ils tendent tous à tomber sur elle. Il se demanda pourquoi le soleil, les planètes et leurs satellites n'auraient pas une propriété semblable, proportionnée à leur grandeur. Le tour fut joué, et il n'y eut qu'une voix pour applaudir à cette grande découverte.

Nous savions déjà, par l'exemple du premier homme, ce qu'une pomme a de puissance. Et voilà qu'une autre pomme, en tombant sur le pied d'un philosophe anglais, devient la preuve que toutes les planètes s'attirent réciproquement. Mais la chûte de cette pomme a pu être provoquée par divers accidents. Le vent a pu casser le pécout qui la tenait à l'arbre; le plus petit vent a pu provoquer cette chûte. D'ailleurs, les fruits, de même que l'homme, sont sujets à différentes maladies. Souvent ils tombent avant leur maturité. Au surplus, ils ne peuvent demeurer sur l'arbre que l'espace d'une saison : ils doivent tomber pour faire place à une autre récolte. L'homme, soit qu'il succombe au printemps de la vie, lorsqu'une des conditions organiques de son existence vient à lui manquer, soit qu'il arrive à un âge avancé, doit toujours, tôt ou tard, faire place à la génération nouvelle ; ce n'est pas l'attraction de la terre qui s'exerce sur lui, pas plus que sur la pomme ; mais c'est la loi fatale, que tout finit et recommence.

Si les savants eussent bien réfléchi, ils n'auraient pas adopté aussi légèrement cette prétendue force attractive, bien qu'on l'ait étayée de même qu'un édifice qui menace de s'écrouler, de la force centripète, de la force centrifuge et de la force projectile. Toutes ces forces réunies ne peuvent rien contre la raison qui en fera justice. Si les astronomes des siècles précédents eussent raisonné logiquement, ils auraient compris que la force d'attraction était en opposition avec les prétendus mouvements de la terre; que, par ce fait, ils détruisaient le système laborieusement bâti par Copernic, attendu que l'objet qui subit l'attraction se trouve paralysé et privé de sa force ; qu'il ne peut faire la route qui lui est désignée.

Supposons que le soleil soit une pierre d'aimant et la terre une planète de fer. Elle serait attirée par le soleil, en vertu de l'attraction. Or, le fer, quand il est attiré par l'aimant, ne saurait tourner. Il en serait ainsi de la terre ; elle suivrait la force à laquelle elle obéirait, et son mouvement ne serait pas l'inverse de celui du soleil. La force d'attraction détruit le système des sept mouvements que l'on a attribués à la terre. Qui veut trop prouver, souvent ne prouve rien. L'astronomie est toute à refaire. Et je le dis ici hardiment : il y a des hommes qui, par un intérêt d'amour-propre, voudront faire de l'opposition. Mais, parmi les savants, il en est qui consultent leur raison et leur intelligence ; ceux-là mettront à profit mes réflexions. Loin de moi la prétention de faire le nouveau système que le monde attend. Cette gloire est réservée à un talent supérieur. Mais, quand j'aurai proclamé la vérité, d'autres pourront mettre la main à l'œuvre.

VINGT-TROISIÈME ENTRETIEN.

DES ÉCLAIRS ET DU TONNERRE.

Un auteur a écrit que les éclairs provenaient d'une agitation violente qui s'opère dans l'air, lequel se trouve d'autant plus dilaté, que les parties de soufre et de nitre produites par les exhalaisons de la terre venant à s'enflammer subitement, à cause de la pression qu'elles subissent entre deux nuages, cette flamme se communique aussitôt à toutes les parties combustibles d'alentour, dilate l'air avec violence et produit les éclairs. Le même auteur ajoute que si parfois on voit briller des éclairs sans entendre ensuite le bruit du tonnerre, c'est que les parties combustibles, poussées et agitées violemment en tous sens, peuvent s'enflammer, sans que le nuage supérieur tombe avec assez de force sur le nuage placé au-dessous pour causer du bruit.

DE LA FORMATION DU TONNERRE.

D'après le dire du même auteur, le tonnerre est un composé de vapeurs et d'exhalaisons que la chaleur a enlevées de la terre, à diverses reprises, pour les transformer en nuées épaisses. Il se forme alors plusieurs couches de nuages qui, étant placés les uns au-dessus des autres, se trouvent fortement comprimés, et qui, ne pouvant s'échapper que par un passage brusque et irrégulier, éclatent avec fracas. C'est là ce qui produit l'explosion du tonnerre.

Un autre auteur prétend que chaque fois que l'eau n'est pas très pure lors de son évaporation, il se développe de l'électricité. La combinaison des gaz, et notamment de l'oxigène de l'air avec le carbone des plantes, produit aussi une électricité. Ces deux causes réunies, répandant presque continuellement le fluide électrique dans l'atmosphère, il faut que l'atmosphère les restitue à la terre ; ce qui a lieu par le tonnerre et les éclairs.

Je prétends que toutes les conjectures faites sur les causes qui produisent le tonnerre ne sont pas admissibles. En effet, quand il y aurait plusieurs couches superposées de nuages, les nuages supérieurs s'abaissant sur ceux qui se trouvent au-dessous, il s'opérerait une pression, par suite de laquelle l'eau tomberait par torrents ; cette cause pourrait bien augmenter le volume des gouttes de pluie, mais ne produirait pas l'effet du tonnerre.

Supposons que des nuages se trouvent entre deux courants d'air, l'un sud, l'autre septentrion ; ces nuages étant comprimés par l'air des deux côtés, par les courants opposés, et ne pouvant ainsi ni avancer, ni reculer, il en résultera une nappe d'eau, mais cela n'occasionnera pas le bruit du tonnerre. La pression exercée sur ces nuages, par les courants d'air, produira le même effet que si l'on presse deux éponges l'une contre l'autre ; toute l'eau dont elles sont imbibées s'écoulera.

Qu'un courant d'air vienne à passer entre deux nuages, les nuées supérieures et celles inférieures se resserreront en haut comme en bas et laisseront à l'air un libre passage. Si rien ne s'y oppose, les nuées qui se trouveront directement sur le passage du courant d'air, céderont toujours à la force du vent qui les poussera devant lui. La marche des nuages peut être retardée de quelques secondes, si ceux qui se trouvent sur le passage de l'air ont subi une faible congélation, trop faible pour former la grêle. Le vent n'éprouvant alors qu'une légère résistance, poursuit sa route et produit au milieu des nuages un bruit sourd, qui ressemble à un bruit de tonnerre, qui se fait entendre au loin ; la répétition de ce bruit provient des nuées qui ont éprouvé quelques symptômes de congélation, lesquels sont annihilés par le passage de l'air, et les nuages rentrent dans leur position primitive sans éclairs ni tonnerre , après quelques gouttes de pluie.

En examinant toutes les causes imaginaires auxquelles nos astronomes attribuent la foudre et les éclairs, l'homme, dont le jugement est sain , n'admettra pas ces conjectures. Si les causes alléguées étaient réelles , le tonnerre se ferait entendre et les éclairs apparaîtraient en automne et en hiver aussi bien que dans l'été et au printemps. Pendant l'automne , les nuages se dilatent , s'abaissent sur les montagnes et s'étendent souvent sur la plaine où ils forment un brouillard. Les vapeurs qui s'exhalent de la terre produisent aussi des brouillards.

Ainsi donc ces brouillards, presque quotidiens en automne , auraient plus d'influence que les chaleurs pour faire sortir de la terre ces exhalaisons qui, nous dit-on, contribuent à produire les éclairs et le tonnerre. Par conséquent les nuages, puisant chaque jour un nouvel aliment dans ces exhalaisons , devraient nous donner plus fréquemment du tonnerre et des éclairs , en automne et en hiver qu'au printemps et durant l'été. C'est pourtant le contraire de ce que nous voyons.

On prétend aussi que tout ce que l'atmosphère a enlevé d'exhalaisons à la terre , il faut qu'elle le restitue, et que c'est ce qui a lieu par les éclairs et le tonnerre. Cependant, cette restitution a lieu en automne et en hiver. Les vapeurs enlevées par l'atmosphère étant de l'eau , l'atmosphère restitue de l'eau ; le tonnerre et les éclairs n'ont point de part à cette restitution dans ces deux dernières saisons.

Pendant l'automne et l'hiver, on n'entend pas le tonnerre en Europe ; il en est autrement dans les autres parties du monde qui ont l'été, quand nous sommes en hiver. Cependant, toutes les parties du monde ne sont point dotées de ces prétendus miasmes qui produisent le tonnerre. En pleine mer, et à quatre ou cinq cents lieues de la terre, le tonnerre tombe quelquefois. Et pourtant les nuées, se transformant en pleine mer, sont dégagées de l'influence de ces exhalaisons auxquelles on attribue le tonnerre.

Le 25 juillet 1813, la mer était couverte de brouillards ; ces brouillards s'élevèrent dans la matinée, et le tonnerre tomba dans l'île de Cabrera, sur une sabine, à vingt pas de moi. Je fis quelques recherches, et je ne trouvai qu'un trou. Or, ces nuages ne venaient point de la terre ; ils s'étaient formés en pleine mer ; on ne peut cependant prétendre que la mer renferme ces exhalaisons méphitiques, et qu'elle ait à sa surface des plantes qui puissent devenir la cause des éclairs et du tonnerre.

VINGT-QUATRIÈME ENTRETIEN.

CAUSES RÉELLES DES ÉCLAIRS , DU TONNERRE ET DE
LA FOUDRE.

Les uns et les autres sont occasionnés par la chaleur
du soleil , laquelle, donnant sur la partie céleste des
nuées , les échauffe , les séche , et refoule leur fraîcheur
et leur humidité dans le centre des autres nuées; c'est
ce qui produit la pluie ou la grêle, suivant le degré du
froid. Les nuages supérieurs se trouvant comprimés
entre deux courants d'air, et l'ardente chaleur du soleil
se mettant en communication avec l'air, finit par les com-
primer et les réduire en poudre sur différents points. De
là proviennent les éclairs. Le soleil desséchant l'eau qui
se trouve dans un trou de rocher , il se produit du sel.
Cependant les nuages , comprimés et desséchés, ne
produisent pas du sel , mais bien une poudre volatile,
laquelle s'enflamme par la compressibilité de l'air ;
ainsi sont produits les éclairs.

Si l'air forme un tourbillon dans les nuées , ce sera la cause du tonnerre et de la foudre. Car ce tourbillon, en forme d'entonnoir, séche les nuages. Les rayons brûlants du soleil, se mettant en communication avec l'air qui pétrifie les nuées , en fait une poudre. Ou bien, ce tourbillon rejoint les nuages en un seul bloc , faisant une sorte de poudrière , à l'exception d'une partie de poudre échappée de ce tourbillon , et que la compression de l'air venant à enflammer, il en résulte les éclairs. Cette trainée de poudre , se communiquant à la totalité, produit une explosion qui est le tonnerre ; la répétition des coups de tonnerre peut avoir lieu autant de fois qu'il s'est formé de tourbillons dans diverses parties des nuages. Ces tourbillons donnent lieu au tonnerre , à la foudre et aux trombes ; tous ces effets résultent d'une même cause.

La foudre provient d'un nuage qui possédait toute son élasticité , et qui est fortement comprimé par l'air. Une partie est pétrifiée et devient un corps dur , lequel s'enfonce un peu plus avant dans les nuages. L'air et la chaleur du soleil réunis dans ce tourbillon contribuent à former une poudre, quand les nuées ont été séchées par le soleil et broyées par l'air qui les a réduites en poussière ; l'air en tournoyant amasse cette poudre au-dessus du corps dur qui doit produire la foudre. L'éclair brille , et le tonnerre gronde , le feu se communique pareillement au corps dur , lequel étant trop resserré et ne pouvant se faire jour, ne peut pas éclater comme le tonnerre. Alors , ce corps dur ne pouvant plus se soutenir dans les nuées qui l'entouraient , puisqu'elles sont demeurées dans leur état primitif, et que la fermentation qui le soutenait a fait explosion, tombé sur la terre. La chute est inévitable, à cause de son poids.

La trombe se forme à peu près comme la foudre, avec la seule différence que celle-ci résulte d'une compression exercée sur une plus grande quantité de nuages, et qui occasionnent le tonnerre et la foudre. Mais, lorsqu'un tourbillon, se formant avec violence, enveloppe une moindre quantité de nuées, il les comprime, et la trombe, produite par cette pression, tombera subitement sans explosion de tonnerre ; elle descend des nues pour aller ravager la terre, environnée de toutes ses forces qui, n'ayant pas été dissipées par l'explosion, la soutiennent dans son parcours. Le même tourbillon qui altère et dessèche les nuées y produit une poudre, laquelle se met en combustion, et peut faire une explosion partielle, sans ralentir la marche de la trombe. Celle-ci poursuivra sa route jusqu'au moment où le feu aura consumé la totalité du corps dur, dont se compose la partie du nuage pétrifiée par l'air et par la chaleur du soleil.

DE LA FOUDRE ET DE LA TROMBE.

Nous avons dit que ces deux météores ont un grand rapport entre eux, bien qu'ils diffèrent en quelque chose. Ainsi, la foudre ne saurait avoir un parcours

comme la trombe, attendu que les causes qui la soutenaient dans les nues ont fait explosion; il faut qu'elle
tombe en ligne directe sans avoir de parcours. La
trombe, au contraire, descend des nuages en tournoyant, enveloppée de tous les éléments qui la tenaient
suspendue dans l'atmosphère. Elle suit alors sa direction,
de même qu'une fusée d'artifice qui ne finit que lorsque
la poudre est consumée entièrement. Le même résultat
se trouve dans la trombe, bien qu'elle arrive à sa fin.
Comme elle a été en partie comprimée par l'air, elle
peut fermenter et produire des flammes et du bruit,
jusqu'au moment où cette compression de poudre sera
consumée, et où les nuages reviennent à leur état primitif.

Je le répète donc, les éclairs, le tonnerre, la foudre
et la trombe, tous ces météores sont produits par l'air
et par la chaleur du soleil. Les contrées de la terre qui
sont les plus froides, sont moins sujettes à ces météores
que les climats chauds. Il faut, pour qu'ils se manifestent,
un certain degré de chaleur. Si nous avions une chaleur
pareille toute l'année, nous les aurions dans toutes les
saisons.

Les astronomes ont voulu faire intervenir une foule
de causes dans la formation des météores dont nous
parlons ; c'est un assaisonnement qu'ils ont voulu
mettre à leurs fables, mais la raison ne prend pas le
change.

Nous savons que les pluies qui nous sont transmises
par les nuées sont puisées dans la mer, dont les eaux
sont salées. L'eau se dessale dans la terre comme dans

les nues , elle se distille , s'évapore , et de cette évaporation résulte du sel qui reste dans les nuages , tandis que l'eau , qui était salée , nous arrive douce sur la terre ; elle a laissé dans les nuages tout le sel qu'elle contenait. Que ce sel produise l'électricité ou toute autre poudre que la nature emploie pour sa formation , et qui peut être d'une autre nature que celle fabriquée sur la terre , il n'en est pas moins certain que , sans la chaleur , toutes les combinaisons des astronomes relatives aux météores se trouvent renversées.

Je ne dirai plus qu'un mot au sujet de la différence qui existe entre la foudre et le tonnerre. Bien des gens croient que l'un et l'autre ne font qu'un. Ceci est une erreur : le tonnerre est l'explosion, c'est le bruit du coup de canon ; la foudre est un corps dur qui ne peut pas éclater, c'est le boulet.

VINGT-CINQUIÈME ENTRETIEN.

DE LA LUNE ET DE L'INFLUENCE QU'ON LUI ATTRIBUE.

L'influence prétendue de la lune est un vieux préjugé qui s'est transmis de génération en génération, et qui fait croire au vulgaire qu'elle règle la température et procure de bonnes ou mauvaises saisons. Lorsqu'il a plu longtemps, on attend impatiemment le renouvellement de la lune, pensant qu'il amènera du beau temps. Survient-il une sécheresse, on espère que la nouvelle lune nous amènera de la pluie. Mais le renouvellement de la lune n'amène pas la même température dans tous les climats ; il peut, et cela se voit chaque jour, amener le beau temps à Paris, et la pluie à Lyon ou à Bordeaux. J'ai vu, dans la Navarre, pleuvoir continuellement pendant deux mois. On faisait des processions pour demander le beau temps. Et dans le même moment, Madrid, qui est à une distance de cent lieues environ, éprouvait une sécheresse ; on y faisait des processions pour obtenir la pluie. Ce qui prouve que le renouvellement de la lune ne contribue en rien au beau ou au mauvais temps. Quand l'atmosphère est couverte de nuages, qui s'étendent sur la moitié d'un pays, la lune se renouvellera en beau temps pour la moitié de ce pays et en mauvais pour l'autre. Ce sont les vents qui décident seuls du renouvellement de la lune en beau ou mauvais temps. Car, un coup de vent peut chasser les nuages de l'atmosphère, qui nous laisse voir la lune lorsqu'elle est nouvelle.

Nul douté que si la lune avait l'influence qu'on lui attribue, elle règlerait la température. Elle aurait bien plus de force pour attirer à elle les nuées, qui sont dans son voisinage, que les eaux de la mer qu'on prétend qu'elle fait soulever.

Mais la lune ne soulève ni les eaux de la mer, ni les nuages ; elle ne possède aucune force pour les attirer. Car, autrement, les nuages auraient aussi bien qu'elle leur mouvement de rotation.

VINGT-SIXIÈME ENTRETIEN.

DES BALLONS ET DE LEUR UTILITÉ.

La découverte des ballons est une belle chose ; mais elle ne répond pas aux espérances qu'elle avait fait concevoir. Le premier point serait de se maintenir dans l'atmosphère au moyen du gaz hydrogène ; le second , de parvenir à trouver le moyen de diriger le ballon comme un vaisseau. Jusques-là, les ballons ne seront qu'un objet de curiosité pour les personnes qui n'en ont pas vus.

De la manière dont on s'y prend, jamais on ne parviendra à gouverner les ballons. Le gaz hydrogène représente une rivière qui porte bateau. Donc le ballon est un fleuve. Dans cette hypothèse , on place le fleuve au-dessus du bateau , lequel se trouverait ainsi submergé en suivant son cours entre deux eaux. Les efforts des marins deviendraient alors impuissants à empêcher le bateau de suivre la direction du fleuve. Ce serait comme si l'on prétendait faire remonter un bateau par des chevaux , en les plaçant sur ce même bateau. N'ayant aucune force pour le faire remonter, ils suivront le cours de la rivière.

Il en est de même d'un ballon. Étant placé au-dessus de la nacelle, l'aéronaute qui la dirige n'a aucun moyen de la gouverner. Le ballon et la nacelle seront nécessairement entraînés par les courants d'air. A ce point de vue , il devient impossible d'entreprendre un long trajet en ballon , sans s'exposer à de grands dangers. Le ballon peut être poussé vers la pleine mer par des courants d'air, et les personnes qui le gouvernent peuvent s'abandonner alors à la volonté du destin ; car elles sont dépourvues de tout moyen de gouverner le ballon et de le diriger vers le lieu où elles auraient dessein de se rendre.

Or, il est contraire aux règles tracées par la prudence, de construire ainsi des ballons. Car le ballon peut crever, et les individus qu'il renferme sont exposés à périr. Des ballons plus petits offriraient plus de sécurité.

On peut construire un navire de cent pieds de longueur, plus ou moins; peu importe la dimension. En plaçant des ballons au navire , autant d'un côté que de l'autre, soit 8 , 16 ou 32 , pourvu que le nombre fût toujours proportionné à la grandeur du navire , et en attachant ces ballons solidement par leur centre au navire, à une distance combinée les uns des autres , ils demeureront invariables , et ne formeront plus qu'un même corps de navire. Les ballons représentent la mer qui porte les vaisseaux ; c'est le vent qui les fait marcher. Il n'y a pas de difficulté à ce que les navires aériens ne marchent pas de même au moyen des voiles. On placerait deux roues à chaque côté du navire, sur l'avant et sur l'arrière; en tout quatre roues, qui tourneraient au moyen d'un mécanisme. Ces roues, au lieu d'être en bois comme celles des bateaux à vapeur, qui sont destinées à battre l'eau, seraient en forte toile cirée, et battraient l'air. On pourrait également établir des conduits pour produire des courants d'air. La tête de ces conduits aurait la forme d'un large entonnoir; et les courants d'air aboutiraient dans une voile en forme de bonnet; le vent aurait un arrêt, ce qui donnerait une force de plus pour accélérer la marche du navire.

On objectera peut-être qu'un vaisseau a un gouvernail, qui le fait tourner à volonté, tandis que le gouvernail du navire aérien serait sans force pour le faire tourner, puisqu'il n'a pas de prise sur l'air qui lui oppose résistance, au lieu que le gouvernail du navire puise sa force dans l'eau.

Je ferai remarquer qu'il faut au gouvernail une force proportionnelle pour faire tourner le vaisseau, puisque la moitié de son volume se trouve dans l'eau qui le retient, tandis qu'au contraire, le navire aérien n'est retenu par quoi que ce soit. La même force qui le fait marcher peut aussi le faire tourner. Le gouvernail du vaisseau aérien serait en forme d'éventail pour agiter l'air.

Peut-être le moyen que je viens d'indiquer ne remplirait-il pas entièrement le but; en voici un qui sert de complément au premier. Il s'agirait de placer deux ventilateurs sur l'arrière du navire , dont un de chaque côté du gouvernail. On se servirait de l'un d'eux , selon le côté vers lequel on voudrait faire tourner le navire; et vous donnerez ainsi une force suffisante au gouvernail pour diriger le navire.

J'ajouterai qu'il faudrait que le nombre des marins fût proportionné à la grandeur du bâtiment ; il conviendrait aussi d'éviter toute surcharge inutile , et de réserver la force du navire pour les approvisionnements nécessaires à l'équipage.

Ces navires aériens étant destinés spécialement à faire des découvertes dans les endroits où les vaisseaux que porte la mer ne peuvent pénétrer, il serait à propos d'établir des chambres chaudes pour garantir l'équipage des rigueurs du froid, lorsque le navire se serait élevé dans l'atmosphère à la hauteur du fluide glacial. Par conséquent, il serait nécessaire de faire aussi provision de charbon, et se munir de ballons, en cas d'accident; il ne serait pas inutile non plus de s'approvisionner de gaz hydrogène, afin de pouvoir regonfler les ballons , s'il y avait un besoin absolu de descendre sur terre. On ne pourrait se servir de machines à vapeur, attendu leur poids. Cette surcharge inutile empêcherait d'ailleurs de réserver assez de place aux provisions indispensables. Aussi ne pourrait-on pas entreprendre de bien longs voyages.

L'utilité des ballons et des navires aériens consisterait surtout à découvrir les terres qui peuvent être au-delà

des mers glaciales, lesquelles mers opposent aux vaisseaux une barrière infranchissable.

Mais les grands préparatifs que je viens d'indiquer
seraient superflus pour le cas où l'on voudrait entreprendre seulement un voyage de deux ou trois jours. Les
navires aériens et les ballons serviraient, à la veille
d'une bataille, à connaître les forces de l'ennemi, à dé-
jouer ses plans. Si Napoléon eût possédé cette res-
source à Waterloo, il aurait pu transmettre ses ordres
à Grouchy d'une manière plus expéditive, et peut-être
le destin de la France eût été changé.

On pourrait aisément faire l'essai des navires aériens
sur une petite dimension; la dépense ne serait pas de
plus de 150,000 fr. Par ce moyen, il serait facile de
savoir combien d'escadres tiennent la mer. La France
en tirerait un grand avantage. Au surplus, je n'ai point
la prétention d'imposer mes idées, pas plus que de les
donner comme parfaites. Mais si quelque homme d'un
véritable talent les médite, il pourra les mettre à profit,
et les utiliser pour le bien de la société.

VINGT-SEPTIÈME ENTRETIEN.

POURQUOI LA MER EST-ELLE SALÉE ?

Cette question a été vivement controversée, et, selon
leur habitude, les savants n'ont pu donner une solution
satisfaisante, ni s'accorder entre eux. Les uns prétendent
que ce sont les herbes et les plantes, qui croissent dans la
mer, qui produisent cette salaison. D'autres l'attribuent
à des montagnes de sel que les mers contiennent dans leur
sein ; d'autres, — mais ceci est une idée aussi extraordinaire qu'invraisemblable, — prétendent que la salaison de la mer provient des rinçures d'assiettes. Quelques-uns enfin se bornent à dire que Dieu a voulu que
les eaux des mers fussent salées, afin de les préserver
de la corruption. Rien n'est plus aisé, lorsqu'on se
trouve dans l'embarras, que de mettre en avant le vouloir et la puissance de Dieu. On coupe court à toutes les
objections ; c'est plus tôt fait.

De toutes les causes que je viens de citer, il n'en est qu'une seule qui fût admissible ; les montagnes salées que les mers pourraient renfermer. Mais, en admettant que ces montagnes eussent existé, il y a quelques milliers de siècles, elles seraient fondues depuis longtemps. Chaque jour, les eaux de la mer se renouvellent par les fleuves et les rivières, et la quantité qu'elle reçoit compense celle qu'elle peut perdre, soit par l'action de l'air, soit par les rayons du soleil qui finiraient par mettre les mers complètement à sec, si les eaux des fleuves ne les alimentaient et ne les maintenaient dans leur état normal.

De même que le genre humain se renouvelle chaque jour, et que, dans l'intervalle d'un siècle à un autre, tout est remplacé, de même, il ne faudrait guère que six ou sept ans pour que les eaux de la mer, alimentées par l'eau douce qui leur vient des rivières, cessassent d'être salées ; chaque jour l'amertume de ses eaux diminuerait et se perdrait enfin totalement. Qu'on me permette ici une comparaison, un peu triviale, à la vérité, mais qui rend très-bien ma pensée : à force de recroître le bouillon d'une marmite, on finirait par dessaler ce bouillon. Il en est ainsi des eaux de la mer.

Je pense que l'on doit attribuer la salaison de la mer à ce que, dans sa rotation journalière, le soleil darde perpendiculairement ses rayons sur les mers, chacune à leur tour. Par ce moyen, les eaux sont échauffées, et les tempêtes auxquelles la mer est sujette contribuent à cet échauffement. La chaleur du soleil étant continuelle donne aux eaux de la mer une âcreté, une sorte de salaison; en même temps, cette chaleur clarifie ces eaux; de même que le beurre que l'on fait fondre se trouve clarifié par le feu.

Voici sur quel motif je fonde mon opinion : j'étais prisonnier de guerre dans l'île de Cabrera; nous manquions d'eau potable. Il y avait dans l'île une petite fontaine à laquelle on pouvait puiser à peu près un bidon d'eau en trois jours. Lorsqu'il pleuvait, nous allions sur les rochers, afin de nous procurer de l'eau; parce qu'il y avait des creux où l'eau séjournait. Comme, faute d'ustensiles nécessaires, nous ne pouvions faire qu'une faible provision, nous laissions le reste sur les rochers.

Mais nous remarquâmes bientôt, avec surprise, qu'après sept ou huit jours l'eau devenait plus ou moins saumâtre, selon la quantité d'eau que pouvaient contenir les réservoirs; l'eau qui restait à l'ombre était buvable, parce qu'elle se trouvait préservée de l'action de la chaleur du soleil; sans cela, elle fût devenue saumâtre comme celle des autres réservoirs. Au bout de quinze jours, environ, l'eau qui était exposée au soleil ressemblait parfaitement, pour le goût, à celle de la mer. Nous ramassions avec une cuillère le sel que l'eau avait produit, sous l'influence des rayons solaires.

Quant aux petits réservoirs qui ne recevaient pas les rayons de cet astre, ils ne produisaient pas de sel; leur desséchement ne s'opérait que par l'air. Ainsi, ce sont les rayons du soleil qui produisent la salaison, et l'eau qui se trouve hors de leur portée et à l'ombre ne peut

donner du sel. L'eau qui tombait, bien qu'elle provînt
de la mer, était douce comme celle des fontaines.

Il est donc bien évident que c'est au soleil qu'il faut
attribuer la cause de la salaison de la mer. Il n'en faut
pas d'autres preuves que celles que je viens de donner.
Dans ceux de nos réservoirs qui se trouvaient à l'ombre,
l'eau se maintenait jusqu'à la fin dans un état naturel ;
tandis que dans ceux qui étaient exposés aux rayons du
soleil, l'eau devenait de jour en jour plus salée, jusqu'au
moment où les réservoirs étant à sec, il ne restait plus
au fond qu'un dépôt de sel produit par l'interposition
du soleil.

Or, comme il n'y a point de mers qui soient à l'ombre, elles ne peuvent être comme les réservoirs ; c'est-
à-dire les unes salées, les autres douces, puisqu'elles
reçoivent chacune tour à tour la chaleur du soleil, cause
véritable de la salaison des mers.

Les preuves que je viens de donner ne sauraient être
contestées ; elles reposent sur des faits positifs. Que tous
les savants, nés ou à naître, cherchent ailleurs la cause
de la salaison de la mer ; ils ne la trouveront pas. Tout
homme qui voudra se donner la peine de raisonner,
comprendra que le volume de la mer étant considérable, la mer ne peut être desséchée par l'air et le soleil, comme le serait un réservoir. S'il en était ainsi et
si la mer n'était pas alimentée par les fleuves, elle ne
serait bientôt plus qu'une vaste saline.

Au surplus, j'ai eu le temps de méditer sur ce sujet
pendant les cinq ans et demi de souffrance et de misère
que nous avons passés dans cette maudite île de Ca-

brera ; et j'ai pu me convaincre, par l'expérience des faits que j'ai cités plus haut, de la véritable cause qui produit la salaison des mers ; et je soutiens que c'est le soleil.

CONCLUSION.

Je crois avoir démontré que le système introduit par
Copernic et admis par les astronomes qui l'ont suivi,
est une erreur profonde. Les fanatiques de la science le
défendent par amour-propre et par orgueil ; s'ils étaient
de bonne foi, et s'ils écoutaient leur raison, ils ne
craindraient pas d'avouer que rien n'est plus invraisemblable que leurs conjectures. Mais c'est le propre du
fanatisme de nier l'évidence, et de se refuser à ce qu'on
lui signale ses erreurs.

Voici un fait dont j'ai été témoin et qui prouve jusqu'à quel point le fanatisme peut porter l'absurde et
l'exagération :

Un fanatique imposteur soutenait, en ma présence,
qu'il apercevait une église dans la lune et qu'il entendait sonner la messe. Toutes les personnes présentes se
récriaient ; toutes regardaient du côté de la lune, et
affirmaient qu'elles ne voyaient rien. « Regardez cette
colline placée entre deux montagnes, dit notre homme ;
l'église est à l'entrée de la colline. » Tout le monde

regarde une seconde fois, et chacun affirme de nouveau qu'il n'aperçoit ni montagne, ni colline, ni
église.

— « Messieurs, reprit alors notre fanatique, si
« vous possédiez la moindre connaissance en astrono-
« mie, vous trouveriez sur le champ dans la lune tous
« les objets que vous chercheriez à apercevoir. Vous
« ne pouvez ignorer que là où il y a des monta-
« gnes il existe aussi des plaines; il y a aussi des
« paroisses, et l'église que je vois est là pour le
« prouver. Vous savez que le grand Galilée a été
« notre devancier dans ces admirables découvertes.
« D'après tout ce qu'a dit cet homme célèbre,
« vous ne pouvez révoquer en doute ce que je
« vois. »

Ces paroles firent impression sur quelques-uns des
auditeurs; plusieurs se dirent : « C'est un homme de
« grand talent, puisque nous ne comprenons pas ce
« qu'il nous dit. » Moi qui suis incrédule, et qui n'admets rien sans avoir mûrement examiné, je regarde à
mon tour la lune, et voulant renchérir sur ce que notre
homme avait dit, je m'écrie, au bout d'un instant :
« C'est ma foi vrai ! je vois une église au sommet d'une
« haute montagne, et même j'aperçois un homme dans
« le clocher. » Grande fut la surprise de tout le cercle.
Notre charlatan ravi, examine de nouveau la lune et
dit : « Je crois que monsieur a fait erreur; c'est un er-
« mitage, car je n'aperçois pas de clocher. » Il ap-
prouvait ainsi le mensonge que je venais de faire, parce
qu'il corroborait le sien. Je repris alors : « Vous devez

« voir plus clairement que nous, puisque cela existe.
« Je m'aperçois que vous avez des yeux d'astronome ;
« car vous voyez, comme eux, ce que nous ne voyons
« pas. Ils voient tourner la terre, et nous la voyons
« immobile. Nous voyons tourner le soleil, et ces
« messieurs ne le voient pas tourner. Ils disent que cet
« astre est immobile au centre de la terre. »

J'adressai ensuite mes excuses à toutes les personnes présentes, pour avoir abusé un instant de leur crédulité. « Pas plus que vous, messieurs, leur dis-je,
« je n'ai vu dans la lune ni église, ni montagne. Vous
« pouvez maintenant croire ce qu'il vous plaira au su-
« jet de ce que monsieur a prétendu voir. Quant à
« moi, je ne possède pas assez de fleurs de réthorique
« pour chercher à vous persuader ou à vous tromper. »

L'exemple que je viens de citer prouve que beaucoup d'hommes sont fanatisés par l'astronomie ; cela vient de ce qu'ils ont lu, sans réfléchir sur ce qu'ils lisaient, les ouvrages de certains auteurs. Puis, ils ont fait part à leurs concitoyens des croyances qu'ils avaient puisées dans ces livres ; ils ont convaincu ceux qui ne se donnent pas la peine d'examiner ; et c'est ainsi que l'erreur se propage.

Chacun sait que les physiciens peuvent imiter le bruit du tonnerre, dans toutes les saisons. Cependant le tonnerre, de même que la grêle, ne se produisent ordinairement que pendant l'été ; les expériences de ces physiciens n'ont donc aucun rapport avec la nature. De même, tous les mécanismes que l'on a imaginés pour figurer les divers mouvements de la terre ne prouvent pas que ces mouvements existent. Ils font honneur au génie inventif de leurs auteurs; mais il est à déplorer que ceux-ci aient consacré leurs talents à consolider un système erroné.

Je tiens à relever ici une erreur où bien des personnes pourraient tomber. J'ai entendu, dans plusieurs discussions sur le mécanisme de la terre, soutenir par bon nombre d'individus que c'est la connaissance du mouvement de la terre qui a donné à Christophe Colomb l'idée qu'il devait y avoir des mondes jusqu'alors inconnus. Or, Colomb a découvert l'Amérique en 1493, et Galilée est mort en 1642. Supposons qu'il ait vécu quatre-vingt-deux ans. Il avait soixante-dix ans lorsqu'il commença à enseigner publiquement le système de Copernic. Ce serait donc en 1630 qu'il aurait commencé cet enseignement et démontré le mouvement de la terre. Ainsi, la découverte du Nouveau-Monde étant faite depuis 137 ans, ce n'est donc pas à la connaissance du mouvement de la terre, mais à la boussole qu'il faut attribuer l'idée et la découverte de Christophe Colomb.

Toute la science astronomique repose sur des conjectures et des hypothèses ; mais voici des questions que je vais poser à messieurs les astronomes, et auxquelles je leur défie de répondre catégoriquement.

PREMIÈRE QUESTION.

Je demande non seulement aux astronomes, mais à tous les savants et à tous les philosophes, s'ils ont

159

quelque moyen de nous démontrer que l'étendue du
volume de lumière que le soleil envoie à la terre est
plus petite que le soleil lui-même, et si, d'après cela,
le soleil peut-être un million trois cent mille fois plus
gros que la terre?

2e QUESTION.

Je leur demanderai s'ils sont en état de prouver que,
lors des éclipses de la lune, la terre est entre le soleil et
la lune, et que c'est la terre qui intercepte à cette planète la lumière que lui envoie le soleil ; puisqu'ils prétendent que telle est la cause des éclipses.

3e QUESTION.

Je leur demanderai si le soleil est immobile au centre de la terre, et si la terre peut tourner autour de cet
astre. Puisqu'on nous dit que la terre est de un million
deux cent mille lieues plus éloignée du soleil au mois
de juin qu'au mois de décembre, le soleil n'est donc
pas immobile au centre de la terre.

4e QUESTION.

Je demanderai encore à messieurs les savants quelle
est la cause qui fait que plusieurs mers ne sont pas sujettes au flux et au reflux.

5ᵉ QUESTION.

Je leur demanderai s'ils peuvent être à la fois géographes et astronomes, sans s'exposer à être à chaque instant en contradiction avec eux-mêmes.

6ᵉ QUESTION.

Je leur demanderai de quelle utilité serait la boussole à nos marins si la terre tournait, et s'ils veulent persister à demeurer dans leur erreur, tandis qu'ils peuvent se convaincre de la vérité.

On sait que la boussole est indépendante de la terre, qu'elle est constamment tournée vers le nord. Qu'on place une boussole vis-à-vis d'un arbre ou d'une maison, et, en moins d'une seconde, on acquerra la certitude que la terre est immobile. Car si elle tournait, les objets placés en face de la boussole changeraient de place, et tourneraient avec la terre dont ils font partie, tandis que la boussole, ne faisant point partie de la terre, resterait immobile et toujours dirigée vers le nord. Il faudrait vingt-quatre heures pour que les objets qui se trouvaient en face de la boussole revinssent prendre la position vis-à-vis d'elle. Or, nous voyons tout l'opposé ; ce qui prouve que la terre ne tourne pas. Je demande donc à messieurs les savants de réfuter cet argument, s'ils le peuvent.

7ᵉ QUESTION.

Je leur demanderai enfin quelle est la force capable
de maintenir la terre dans l'atmosphère. On me répon-
dra qu'elle tourne sur son axe. Qu'est-ce que cet axe?
Si c'est un pivot, il s'userait, et la terre tournerait sur
elle-même. Alors elle demeurerait dans sa même position. Si c'est une colonne d'air qui supporte la terre,
comme on a voulu le dire, je répondrai que l'air n'a
de force que dans un courant, et que l'air ne peut supporter que les éléments. Ensuite, il faudrait une autre
colonne d'air pour procurer à la terre ce mouvement de
rotation qui est de six lieues un quart par minute ;
puis un autre courant d'air pour produire ce mouvement de translation qui fait parcourir à la terre quatre
cent douze lieues à la minute. Ce dernier courant, étant
cent fois plus fort, entraînerait tous les autres courants
avec lui ; de sorte que le mouvement de rotation serait
détruit, et la terre serait forcée de suivre la force qui
l'emporterait. Cependant l'expérience nous démontre
que les ballons ne tournent pas dans l'atmosphère, bien
qu'ils soient incomparablement plus légers que la terre.
Soit navires aériens, soit vaisseaux à voile ne peuvent
aller plus vite que le vent qui les pousse. Ils feront
quatre lieues à l'heure quand le vent est bon ; tandis
que les astronomes voudraient faire parcourir à la terre
quatre cent douze lieues par minute.

Je demande donc, je le répète, à messieurs les savants, de nous prouver qu'il existe une force capable de maintenir la terre dans l'atmosphère. .

Loin de moi, je le répète, en terminant, la pensée d'être le créateur d'un nouveau système que le monde attend. Mes idées ne sont que de faibles ébauches. Mais peut-être des hommes, d'un talent supérieur, découvriront-ils dans ces ébauches un germe qui n'a besoin que d'être développé. Je serai satisfait de voir que ces simples réflexions, fruit de la raison et du jugement, que je livre aujourd'hui au public, fassent naître chez des intelligences d'un ordre plus élevé la pensée de mettre la main à l'œuvre pour réédifier par la base l'édifice astronomique. Je ne me suis déterminé à publier mon opuscule que dans l'espérance de fournir quelques données aux auteurs qui voudraient les mettre à profit. L'astronomie est une belle science, mais il faut qu'on la reprenne par le pied. Puissions-nous la voir bientôt débarrassée de ses langes d'ignorance, et de son bagage d'absurdités! Qu'elle parle enfin le langage de la raison, et surtout que les écrivains qui lui consacrent leurs talents et leurs veilles, tâchent de la rendre intelligible pour tous.

MÉMOIRES

D'UN SOLDAT FRANÇAIS,

PRISONNIER DE GUERRE PENDANT SIX ANS,

SOIT SUR LES PONTONS DE CADIX, SOIT DANS L'ÎLE DE CABRÉRA.

PRÉAMBULE.

Si la religion remplissait sa mission véritable, elle aurait une tâche sublime dans ses rapports avec la société ; les prêtres ne se borneraient pas à réciter des prières ; leur rôle serait plus actif, car ils deviendraient des apôtres de paix et de conciliation. Dieu a dit : *Ne faites pas à autrui ce que vous ne voudriez pas qu'on vous fît à vous-même ; faites aux autres ce que vous désireriez qu'ils fissent pour vous.* Ces préceptes renferment toute la morale évangélique. S'ils étaient appliqués, on verrait régner sur la terre l'ordre, la charité et l'humanité ; car tous les hommes vivraient et se traiteraient en frères.

Les discordes et les guerres qui troublent le monde sont presque toujours le résultat de l'ambition des grands et des souverains. Mais, quels que puissent être les événements, l'homme qui professe les sentiments religieux doit, en toute occasion, sauver la vie à son semblable, quand il peut le faire ; de tous les hommages que Dieu puisse recevoir des mortels, aucun ne saurait lui être plus agréable. Le plus sûr moyen de fonder un culte et de le maintenir, c'est de l'établir par les voies de la raison et de l'équité.

Et cependant, peut-on dire que la voix de Dieu se fasse entendre dans les temps de guerre, lorsque les villes sont livrées au pillage et à l'incendie, les campagnes dévastées, et des contrées entières désolées par le fléau destructeur? C'est surtout pendant les guerres soit civiles, soit de peuple à peuple, que les ministres d'un Dieu de paix devraient se montrer à la hauteur de leur rôle, redoubler d'ardeur et de courage pour préserver les hommes des malheurs qui les menacent, et pour prêcher la concorde.

En temps de paix, chaque nation envoie chez les autres nations des ambassadeurs, chargés de représenter leur souverain. Si la guerre vient à éclater, on rappelle ces ambassadeurs. Mais ce qui ne se pratique pas, et ce qui devrait se faire, serait de remplacer les ambassadeurs rappelés par des ministres du culte, soit évêques, archevêques ou cardinaux ; lesquels, dans une lettre pastorale, feraient entrevoir tout ce que les guerres ont d'impie et de contraire à la religion. Une pareille institution serait la plus belle et la plus utile que la société puisse voir naître dans son sein. Pour en faire ressortir tous les avantages, je vais rapporter quelques épisodes de la guerre d'Espagne, sous Napoléon. J'ai été témoin oculaire des événements que je cite, et je crois nécessaire de prévenir mes lecteurs de cette circonstance, afin de détruire, autant que possible, toute pensée qui pourrait surgir dans leur esprit, et tendrait à m'accuser d'exagération.

MÉMOIRES

D'UN SOLDAT FRANÇAIS,

PRISONNIER DE GUERRE PENDANT SIX ANS,

SOIT SUR LES PONTONS DE CADIX, SOIT DANS L'ÎLE DE CABRÉRA.

Je ne m'occuperai pas de démontrer, au point de vue
moral et politique, la faute que Napoléon commit en
faisant la guerre à l'Espagne, notre amie et notre al-
liée. Les Espagnols avaient lieu de conserver de justes
ressentiments de haine ; mais le fanatisme a exploité
habilement l'indignation de ce peuple ; plus d'une fois,
les temples de Dieu ont été souillés de sang. Si les prêtres et les moines eussent agi comme la religion leur
prescrivait de le faire, cette guerre, si longue et si funeste, n'eût pas été aussi féconde en sinistres tableaux ;
elle n'offrirait pas à l'histoire tant de scènes d'horreurs.
Je raconte ce que j'ai vu, ce que j'ai souffert, et je
m'abstiendrai, autant que possible, de toutes réflexions.

Entré au service jeune encore, le régiment où j'avais
été incorporé fut appelé à faire partie de la première
division du corps d'armée commandé par le général
Dupont, auquel la capitulation de Baylen a acquis une

si triste célébrité. Nous entrâmes en Espagne, au mois
de novembre 1807, et, dès notre arrivée sur le sol de
la Péninsule, nous eûmes mille maux à endurer. Pour
ne pas donner à ce récit des proportions trop volumi-
neuses, je passerai sous silence les combats, les marches
forcées à travers un pays où chaque buisson, chaque
rocher recelait un ennemi ; je ne m'étendrai pas sur
les conspirations tramées contre les Français; personne
n'ignore qu'un complot fut organisé à Madrid, dans le
but d'égorger tous nos soldats; que s'il fut découvert
et immédiatement réprimé, le peu de succès de cette
tentative ne découragea pas les fanatiques Espagnols.
Mais tout en me renfermant dans les détails de ce qui
s'est passé sous mes yeux, j'aurai encore une longue et
rude tâche à remplir.

De Tolède, où pour notre sécurité nous faisions
des patrouilles avec les moines, notre régiment dut se
rendre à Cordoue. Au moment du départ, on me fit
changer de compagnie; la 7e, à laquelle j'appartenais
auparavant, ne devait partir que le lendemain pour es-
corter un convoi de biscuits. Soldats et officiers furent
tous massacrés à Mançanarès. Une dizaine de ces malheureux s'étaient réfugiés dans l'église au moment où
on célébrait le saint sacrifice de la messe; ils se précipi-
tèrent vers l'autel, croyant trouver asile et protection
auprès du ministre de Dieu. Celui-ci prit la fuite, ne
voulant pas, sans doute, être témoin d'un massacre
dans le temple du Seigneur. Mais ne pouvait-il pas, au
lieu de s'enfuir, calmer la fureur des meurtriers? ne
devait-il pas réclamer, pour des chrétiens qu'on allait

immoler , la confession que l'on accorde aux plus grands des criminels?

Son intervention aurait été d'autant plus puissante et plus fructueuse que les fanatiques avaient persuadé au bas peuple d'Espagne que tous les Français étaient juifs et ennemis du culte catholique. Ce prêtre pouvait donc arracher plusieurs hommes à la mort, en se déclarant leur frère en Jésus-Christ, en faisant appel aux sentiments religieux de ceux qui les poursuivaient. N'y a-t-il pas eu, de sa part, lâcheté et pusillanimité ?

A Val-de-Penas, on égorgea tous les Français qui se trouvaient dans l'hôpital ; un seul fut assez heureux pour s'échapper ; il se réfugia dans le clocher, et se cacha entre des nids de cigognes ; ce ne fut qu'au bout de trois jours qu'il put sortir de sa retraite.

Lorsque la division Veidel arriva, ceux qui en faisaient partie virent avec horreur des soldats de la garde de Paris hachés en morceaux, et roulés dans leurs capotes ; des cuirassiers attachés à des arbres de la route, et dont la tête était soutenue par une fourche.

Nous étions déjà éloignés de 30 lieues à peu près du théâtre de ces atroces vengeances , et nous ignorions ce qui se passait. On avait laissé des détachements dans plusieurs endroits, afin de pouvoir se procurer des vivres, lorsqu'on apprit que les Espagnols attendaient le corps d'armée français au pont d'Arcoléa. Treize compagnies passèrent la rivière au pont de Mataro , pour prendre l'ennemi par derrière. Au point du jour, la canonnade se fit entendre ; nous fûmes arrêtés à l'entrée d'un village où les paysans s'étaient réunis , et nous eûmes deux soldats blessés et un caporal tué. La femme de celui qui avait tué le caporal se jeta au-devant de son mari, pour lui faire un rempart de son corps, un coup de fusil part, tue le mari, la femme et l'enfant qu'elle portait, et qui fut mis en croix sur sou sein.

Nous poursuivîmes notre route sans entrer dans ce village. Il n'y eut qu'un soldat de notre division qui y pénétra, et s'empara d'une mantille, que notre commandant fit jeter dans un jardin. Arrivés au pont d'Arcolea, nous trouvâmes qu'il était déjà pris, malgré le feu de quatre pièces d'artillerie. Il fut enlevé, en un instant, par la garde de Paris. Le génér al Dupont était déjà dans Cordoue. Les portes de la ville étaient fermées; on les enfonça à coup de canon. La ville fut livrée au pillage. A la vérité, on venait d'être instruit que tous les détachements qui avaient été laissés dans les villages avaient été impitoyablement massacrés. Un autre détachement était demeuré à Mataro; on partit le même jour pour l'aller chercher, de sorte que celui-ci échappa au malheureux sort qui venait d'atteindre les autres.

Il y avait au-dehors de Cordoue un couvent qui avait été respecté. Un moine, d'un coup de tromblon, tue un chasseur et son cheval. Les marins de la garde, qui étaient demeurés pendant deux jours au pont d'Arcoléa, et n'avaient pris nulle part au pillage de la ville, entrèrent alors dans ce couvent; mais, malgré leurs recherches, ils trouvèrent le couvent tout à fait désert. Les moines avaient gagné au large, emportant les reliques précieuses et les statues des saints et des saintes, tant en or qu'en argent. Ils n'avaient laissé que le vase sans valeur où étaient renfermées les hosties. L'église fut respectée.

Dans une autre circonstance, je pénètre dans un couvent avec un Italien qui affichait une dévotion exagérée. Nous y trouvons un prêtre à cheveux blancs, et une jeune fille de douze ans environ, qui était venue se placer sous la protection de son directeur. Nous faisons de vaines recherches dans le couvent. Mon compagnon menace le prêtre de le tuer, s'il persiste à ne pas avouer en quel lieu il a caché son argent; le vieillard soutient qu'il n'a d'argent caché nulle part. L'Italien va le percer de sa baïonnette; je l'empêche de commettre ce crime. La jeune fille tombe à mes pieds, réclamant mon appui. Je parviens à les sauver tous les deux; au sortir de là, le prêtre me tend la main en témoignage de reconnaissance.

A ce propos, je dois mentionner ici que quelques-uns des nôtres ne reculaient pas devant les actes les plus odieux pour se procurer de l'argent, souvent ils tuaient le mari ou la femme, quelquefois même tous les deux, s'ils refusaient d'avouer où était leur argent. Et à quoi leur servaient ces fruits de la rapine et de l'assassinat? à faire des orgies, qui, en peu de mois, les conduisaient au tombeau. Toutefois, je me hâte d'ajouter que tous les vrais soldats n'ont que du mépris pour ceux qui commettent ces crimes.

Pour terminer le récit de mon aventure du couvent, je ne puis omettre que l'Italien ne manqua pas de dire à toute la compagnie que je l'avais empêché de tuer un

cafard. «Mais toi, lui répondis-je, qui vas à confesse
« dans toutes les villes, as-tu donc oublié que Dieu
« défend de tuer son semblable? »Mon Tartufe ne trouva
rien autre chose à répondre, si ce n'est que le corps
n'était rien, et que l'âme était tout. Maxime jésuitique
et puisée à l'école d'Escobard.

Le commandant Barège, voyant que le général Dupont avait livré Cordoue au pillage, se repentait de
n'avoir pas fait subir le même traitement au village qui
s'était soulevé et nous avait arrêtés lorsque nous marchions vers le pont d'Arcoléa; et certes, cette bourgade
aurait bien plus mérité un pareil sort que la ville de
Cordoue. Je mentionne ce fait pour prouver que, en bien
comme en mal, la conduite des chefs exerce une grande
influence sur celle de leurs subordonnés.

La manière d'agir du général Dupont a été d'un funeste exemple pour son corps d'armée. Dans la retraite,
les bagages couvraient la route à deux lieues de distance; la plus grande partie des officiers avaient des
voitures, ou tout au moins des mulets (ceci ne devrait
pas être toléré). Nous trouvions sur la route quantité de
soldats égorgés. Arrivés à Endougard, on envoya 1,200
hommes, à la tête desquels était le commandant Dela-
garde, pour aller à Jaen. Dès que cette troupe fut
aux portes de la ville, les soldats espagnols prirent la
fuite. La ville fut livrée au pillage, et le bataillon s'en
retourna. Nous demeurâmes ensuite un mois entier à
Endougard, ayant l'ennemi en face de nous. Chaque
jour, on s'attendait à un engagement; notre bataillon,
qui se trouvait de garde au Moulin, fut surpris par l'en-

nemi, et nous perdîmes la moitié de notre monde. Chaque instant nous faisait essuyer en détail de nouvelles pertes, qui nous affaiblissaient, jusqu'à ce que vint le moment qui devait être si fatal.

La bataille, depuis si longtemps attendue, se livra enfin à Baylen, le 19 juillet. Les Espagnols occupaient les hauteurs et s'étaient retranchés sur la route. Le premier coup de canon fut tiré à trois heures et demie du matin, et le combat dura, sans intervalle, jusqu'à cinq heures du soir. Si, dès le matin, la division Dupont eût été réunie, nous n'aurions pas eu le désavantage de nous battre régiment par régiment ; mais ce ne fut que sur le midi que les divers corps qui formaient cette division se trouvèrent réunis. On combattit avec acharnement de part et d'autre, toujours dans la même position et sans gagner du terrain.

Le général Dupont avait compté sur les divisions Veidel et Gobert. Ce dernier, qui commandait la 3e division, surpris que Veidel ne vole pas au secours de Dupont, fait une charge dans laquelle il est mortellement blessé. Les deux divisions battent alors en retraite. A cinq heures du soir, Dupont ne conservant plus l'espérance de prolonger la lutte, envoie un parlementaire au général Castanos, qui commandait en chef l'armée espagnole. Ce fut alors qu'il acquit la triste certitude qu'il ne devait plus compter sur le secours des deux divisions des généraux Veidel et Gobert, et qu'il se détermina à capituler. On lui posa les conditions les plus dures et les plus déshonorantes, en lui annonçant que si les divisions Gobert et Veidel ne se rendaient pas, la sienne serait passée tout entière au fil de l'épée ; de sorte qu'il fallait sacrifier les deux autres divisions pour sauver celle qu'il commandait. A la vérité, on garantissait au général Dupont deux caissons couverts ; c'était un piége qu'on lui tendait, dans l'espoir que le désir de mettre ses trésors en sûreté, le rendrait moins difficile sur les autres articles de la capitulation.

Le bruit se répandit dans l'armée que nous serions ramenés en France avec armes et bagages, et que nous serions embarqués à Cieuta. L'espérance de ne pas devenir prisonniers de guerre était quelque chose, si le déshonneur pouvait avoir quelque compensation. A quoi nous servait donc d'avoir combattu avec tant de courage, pour être livrés à l'ennemi comme un marchand de bestiaux livre ses brebis au boucher.

A propos de ce combat de Baylen, je citerai un trait de bravoure extraordinaire d'un chasseur à cheval. Il venait d'avoir le bras fracassé, et il n'y avait plus que la peau qui soutînt encore l'avant-bras pendant ; ce soldat tire son sabre pour achever de couper son bras ; il demande qu'on le tienne. On refuse ; il dit alors de le plier en deux et de l'attacher avec une courroie, puis, prenant la bride de son cheval entre les dents, il s'élance de nouveau à l'ennemi.

Je reviens maintenant à la capitulation. Si Dupont la signa, ce fut moins pour sauver la division que pour sauver ses trésors. Il nous eût été facile de nous sauver sans lui, si nous eussions été nos maîtres. Que devait faire le général Dupont, s'il n'eût pas préféré l'argent à l'honneur ? Puisqu'il se voyait perdu, que ne partageait-il

ses trésors entre ses soldats. On aurait pu sauver alors
en même temps nos vies et l'honneur de nos armes.
Rien de plus aisé que d'opérer notre retraite à travers
les massifs d'oliviers, en faisant marcher la cavalerie en
avant et l'infanterie derrière, pour couvrir la retraite.
Quant à l'artillerie, elle était démontée et aurait d'ailleurs été inutile. L'ennemi n'aurait pu faire usage de
ses canons, attendu qu'il n'existait pas de route pour
les faire passer au milieu de ces montées et descentes.
Notre infanterie aurait suffi pour soutenir le combat
pendant la retraite. Au surplus, l'ennemi n'eût pas mis
à nous poursuivre autant d'ardeur et d'acharnement
que nous en aurions mis à nous défendre. En 24 ou 30
heures, nous eussions rejoint les deux autres divisions;
de cette manière, on aurait sauvé 22,000 hommes, tout
le matériel et les bagages de ces deux divisions. Le général Mina ne s'est-il pas maintenu pendant six ans dans
ces montagnes, lui qui était poursuivi et harcelé par
30,000 hommes, et qui n'en avait guère plus de 4,000
sous ses ordres? Et cependant il est parvenu à tenir tête
et à s'échapper.

Plutôt que de signer cette honteuse capitulation, Dupont aurait dû adresser à l'armée une proclamation
conçue à peu près en ces termes :

« Soldats !

« Je viens d'être instruit par l'ennemi que nous som-
« mes abandonnés par les deux divisions sur lesquelles
« je comptais pour nous assurer la victoire. Nous ne
« devons plus compter que sur nous pour sortir de
« cette position critique, mais non désespérée. Fier de

« ses succès et voulant profiter de cet abandon, l'en-
« nemi nous pose des conditions aussi dures qu'humi-
« liantes, et que l'honneur des armes françaises nous
« interdit d'accepter. Il exige que les deux divisions
« qui sont maintenant en retraite viennent déposer leurs
« armes ; sans cela, il déclare que nous serons passés
« au fil de l'épée. J'ai dû refuser de pareilles condi-
« tions. Soldats ! croit-on abattre votre courage. Ah !
« s'il avait pu l'être un seul instant, l'indignation que
« je lis sur vos visages suffirait pour me prouver que
« votre unique désir est de venger un outrage aussi
« sanglant ? Croit-on que nous n'avons plus ni cartou-
« ches, ni baïonnettes pour nous défendre ? Prouvons
« à l'ennemi que les soldats de Napoléon ont appris à
« mourir et non à se rendre. Oui, je vois que l'armée
« n'a qu'une seule voix pour repousser des offres dont
« l'acceptation nous couvrirait de honte, et que pas un
« de vous n'est assez lâche pour préférer le déshon-
« neur à la mort. Généraux, officiers et soldats, faites
« abandon de tout ce que vous possédez ; je donnerai
« moi-même l'exemple. Que mes trésors soient parta-
« gés entre tous les soldats de l'armée. Sur 8,000 hom-
« mes dont elle se compose, il en est 7,500, peut-être,
« qui n'ont pas d'argent, mais le plus grand, l'unique
« trésor des soldats et des officiers français, c'est l'hon-
« neur ; c'est lui qu'il faut sauver. »

Oui, si le général Dupont eût tenu un pareil langage
sur le champ de bataille de Baylen, nous aurions échappé
à une capitulation honteuse et aux misères qu'elle nous
a causées.

A ce sujet, je répéterai ce que j'ai dit au commencement de ce récit : s'il y avait pour chaque nation deux ambassadeurs revêtus d'un caractère sacré, tant de malheurs n'arriveraient pas. Les villes qui sont saccagées et qui ne le méritent pas, adresseraient leurs plaintes à ces ambassadeurs. Ceux-ci pourraient adresser des reproches au général sur ce que sa conduite a d'odieux ; il porterait au pied du trône du souverain les justes plaintes qu'on lui aurait transmises. Mais, dans l'état où sont les choses, une province ou une ville, livrée au pouvoir d'un vainqueur injuste, ne peut adresser des réclamations ou des plaintes à celui qui la frappe de contributions énormes, en ne lui donnant qu'un délai de vingt-quatre heures pour acquitter cette taxe, et en s'emparant des femmes et des filles, comme caution. Tandis qu'un ministre du ciel, indépendant par son caractère et ses fonctions sacerdotales, pourrait élever la voix au nom de l'Être suprême, et adoucirait les fléaux qu'entraîne la guerre. Ajoutons que les malheureux trouveraient en eux des consolateurs.

En France, pas plus qu'ailleurs, le peuple n'ignore les lois et les conséquences de la guerre. Les prélats ambassadeurs adresseraient à leur clergé une lettre pastorale, avec injonction de la porter à la connaissance des fidèles. Si de pareilles institutions eussent existé, les prêtres et les moines espagnols n'auraient pas fait passer les Français pour des Juifs, et n'auraient pas persuadé à ces fanatiques qu'ils gagneraient les indulgences s'ils en tuaient sept. Souvent nous avons été obligés de recourir au mensonge pour sauver notre vie, et de nous dire italiens, parce que ceux-ci avaient la réputation d'être bons chrétiens.

Je reprends mon récit interrompu par cette digression. Les soldats des trois divisions comprises dans la capitulation de Baylen furent dispersés et disséminés en divers endroits, qui nous servirent de prison provisoirement. Nous étions à Arcos, où nous demeurâmes trois mois. Tous les dimanches nous entendions les Espagnols, au sortir de la messe, proférer des cris et des menaces de mort contre les Français. On brûlait Napoléon en effigie. Ces forcenés apprirent un jour qu'un régiment de dragons français venait d'être massacré. Encouragés par un si bel exemple, ils ne voulurent pas rester en arrière d'un acte qui, selon eux, devait être agréable à Dieu. Le mot d'ordre fut donné à tous les villages des alentours, pour que les habitants se rendissent à la messe, le dimanche suivant. La porte de l'église se trouvait en face de notre prison. Ce jour-là, nous vîmes sortir de l'église plus de monde qu'à l'ordinaire. Bientôt des cris de mort se font entendre ; on veut enfoncer la porte de notre prison. Par bonheur, les soldats commis à notre garde font résistance. L'officier et les hommes qui étaient sous ses ordres avaient une dévotion bien entendue. Une vive discussion s'engagea entre eux et ces fanatiques. Ceux-ci adressent des reproches et des injures au commandant du poste, parce que, dit-on, il s'oppose à ce qu'on se débarrasse de ces juifs. Il répond que nous ne sommes pas Juifs, mais chrétiens. — Chrétiens, tant mieux pour eux, répliquent les forcenés. S'il y a des chrétiens parmi eux, qu'importe que leurs corps périssent, puisque leurs âmes iront au ciel?

L'officier, se voyant serré de trop près, commande à ses soldats de charger et d'apprêter leurs armes, puis il somme de nouveau les assaillants de se retirer, ajoutant : « Puisque vous dites que le corps n'est rien et que « l'âme est tout, je vais sur l'heure envoyer vos âmes « dans le ciel. » Ils s'éloignent alors et vont assouvir leur rage sur les malheureux qui se trouvaient à l'hôpital, lequel était à quelque distance de la ville.

Je dis et je répète que la religion peut enfanter toutes les vertus, lorsqu'elle est bien comprise, et qu'elle peut aussi enfanter tous les crimes, si elle est dirigée par la superstition ou le fanatisme. Si le prêtre qui venait de célébrer la messe dans cette église d'Arcos eût été animé de l'esprit évangélique, et qu'il eût essayé de calmer ces furieux, en leur parlant au nom de Jésus-Christ, en leur faisant comprendre que, chrétiens comme eux, nous étions leurs frères, en leur disant enfin que si nous leur faisions la guerre, ce n'était pas volontairement, mais pour obéir aux lois de notre pays qui nous prescrivaient d'exécuter les ordres de notre souverain, de même qu'ils se conformaient aux volontés du leur; s'il eût fait entendre des paroles de paix et de conciliation, s'il se fût constitué un apôtre de paix et de charité, nul doute que ses efforts ne fussent parvenus à apaiser cette populace furieuse, et à nous préserver du sort qui eût été infailliblement le nôtre, sans la bravoure et la piété véritable de l'officier chargé de nous garder.

Je crois qu'il est à propos de placer en regard de ce qui précède la belle et courageuse conduite d'un autre prêtre espagnol. Ce fait, je le tiens d'un marin de la garde, qui en avait été témoin, et nous l'a raconté dans la prison.

Ce marin et plusieurs autres soldats de la même arme étaient dirigés de Ronda sur Ste-Marie. Un prêtre, qui avait été informé que l'on devait attendre ces soldats sur la route pour les massacrer, voulut les accompagner et leur fit prendre un autre chemin. Les fanatiques, ne voyant pas arriver le détachement, se doutèrent qu'il avait pris une autre route, et coururent à Ste-Marie, où ils arrivèrent en même temps que les marins de la garde. Le bon prêtre dit alors à ceux-ci : « Mes frères, serrez-vous les uns contre les autres, car s'ils pénètrent dans vos rangs, vous êtes perdus ! » Un Espagnol arrache la croix d'un officier, qui riposte par un soufflet. Douze poignards sont aussitôt levés sur lui ; l'officier se baisse et les poignards se croisent, s'arrêtent les uns les autres. Le prêtre saute au bas du caisson sur lequel il était assis, et jette son manteau sur l'officier en s'écriant : « Le premier qui le touche est ex-« communié ! » Puis, il ajoute : « Vous accusez ces sol-« dats français d'être des voleurs ; je vais vous démon-« trer que vous êtes dans l'erreur, et qu'ils ne possèdent « pas la valeur de deux réaux appartenant à l'Espagne. » Il remonte sur le caisson, prend l'argent qu'il contenait et qui était tout argent de France, le lance à droite et à gauche ; puis, tandis que les Espagnols s'occupent à le ramasser, on fait entrer à la hâte les marins de la garde dans Sté-Marie, où on les enferme dans une prison. Ainsi, le zèle et la présence d'esprit de ce bon prêtre les sauva tous, car l'officier n'avait pas même reçu une blessure.

En général, les soldats ne sont pas prodigues d'éloges envers les prêtres; cependant ils savent, à l'occasion, rendre hommage à la vérité. Tous les prêtres n'ont donc pas le même esprit; ils n'agissent donc pas tous d'après les mêmes règles de conduite; et pourtant la morale évangélique qu'ils professent est la même dans tous les pays.

Je reviens à notre situation; elle était affreuse. On enterrait les morts sur les bords de la rivière qui coulait au bas de notre prison. La veille de notre départ, six de nos compagnons d'infortune y furent inhumés. Mais comme on ne jetait qu'un demi pied de terre sur ces cadavres, des troupeaux de cochons qui rôdaient à l'entour vinrent s'engraisser de chair humaine; en moins d'une heure, les restes de nos camarades furent dévorés par ces animaux. Nous ne pouvions pas obtenir d'être enterrés en terre sainte, n'ayant pas d'argent.

Toutefois, ce n'était là que le prélude de nos infortunes et de nos souffrances. A Arcos, nous n'avions qu'une livre de pain par jour, et rien de plus, excepté de la mauvaise eau de citerne. Nous croyions être dans l'enfer, tandis que nous n'étions qu'à l'entrée. A notre départ d'Arcos, on nous donna une livre de pain; nous pensions recevoir une nouvelle distribution à la première étape; mais cette espérance ne se réalisa pas. Le lendemain, nous arrivâmes au Port Royal; là, encore, on ne nous donna rien. On nous embarqua pour aller sur les pontons, et nous comptions qu'en y arrivant nous recevrions des vivres ; nous ne reçûmes pourtant encore ni pain, ni eau. Le pain n'arriva que le lendemain, et ce fut seulement à quatre heures de l'après-midi qu'on nous donna un pain de munition et demi-litre d'eau. Depuis trois jours, nous n'avions pris aucune nourriture. Notre faiblesse et notre épuisement étaient extrêmes. Mais nous souffrions bien plus du tourment de la soif que de celui de la faim. Nous trempâmes notre pain dans l'eau, ce qui nous fit beaucoup de bien.

A peine commencions-nous à nous remettre de cette faiblesse causée par la privation de nourriture, que la même disette se renouvela. Tantôt le pain manquait, tantôt c'était l'eau ; souvent tous les deux ensemble. Il arriva même une fois que les tonneaux demeurèrent quatre jours hissés au haut des mâts, en signal de détresse et de disette d'eau. Et lorsqu'enfin nous reçûmes cette eau si ardemment désirée, les uns la buvaient à cuillerée, les autres émiettaient leur pain dedans, craignant d'en boire une trop grande quantité à la fois. Plusieurs jours se passaient souvent sans qu'on nous donnât la ration de pain qui nous était due. Quant à la soupe, nous avions une gamelle de bord pour quinze hommes, de sorte que lorsque chacun des quinze en avait pris une cuillerée, la gamelle se trouvait vide.

Je ne mentionne ici que quelques-uns des détails de nos souffrances. Dans ces moments pénibles, le souvenir de la patrie et celui de la famille venaient s'offrir sans cesse à mon imagination. Hélas ! sous le toit paternel j'aurais eu en abondance toutes les choses nécessaires à la vie, tandis que dans ces lieux nous n'avions pas même de quoi soutenir notre existence. Quatre jours sans eau, trois jours sans pain... il n'y avait plus que la mort qui pût mettre un terme à de pareils maux !...

Un très-petit nombre d'entre nous résistèrent à tant de calamités. Comme si ce n'était pas assez de la disette, nous étions atteints par la gale et par le scorbut, et dévorés à tel point par la vermine, que nous avions beau racler nos pantalons avec une lame de couteau et les brosser, le lendemain nous trouvions autant de poux que la veille. Et comment aurait-il pu en être autrement ? A notre arrivée, on nous entassa 2,800 hommes sur l'*Argonaute*, vaisseau de 74 canons, avec un espace de moins d'un pied pour nous coucher, de sorte que nous étions couchés les uns sur les autres, et c'est ainsi que la gale se communiqua et fit en peu de temps d'effrayants progrès.

A peine un mois se fut-il écoulé qu'il s'opéra un vide affreux dans nos rangs, et nous eûmes alors bien de l'espace de reste. Chaque jour la mortalité devenait plus grande ; et l'on ne s'en étonnera pas, si l'on songe que nous n'avions jamais du pain et de l'eau tout à la fois ; l'une de ces deux choses manquait toujours, et nous supportions constamment la privation de l'une de ces deux nécessités de la vie. Dans l'espace d'un mois, 3,000 de nos compagnons d'infortune furent jetés dans ce vaste océan, qui devint pour eux le champ de sépulture. Les cadavres flottaient sur les eaux depuis les remparts de Cadix, Ste-Marie, le Trocadero jusqu'à l'île de Léon et au Port-Royal. Les Espagnols s'effrayèrent de voir tant de corps amoncelés sur le rivage ; ils craignirent une peste, et prirent le parti d'envoyer chercher les morts à bord des vaisseaux. On les faisait glisser en les attachant par le cou, ce qui faisait parfois une traînée de deux ou trois cents mètres sur la mer. Lorsqu'il y avait moins de morts que de coutume, les Espagnols n'étaient pas satisfaits ; au contraire, lorsque le nombre en était considérable, ils se frottaient les mains de joie, en disant : « *Tant mieux ! ce sera bientôt fini !* » Chacun de nous, en voyant périr tous les jours bon nombre de ses compagnons d'infortune, pensait : demain peut-être ce sera mon tour !

Lorsque les tonneaux étaient hissés au haut des mâts, ce qui annonçait le manque d'eau, les Espagnols, pour nous braver, passaient devant les pontons et vidaient dans la mer les barils pleins d'eau qu'ils avaient sur leurs barques, et criaient en nous montrant leurs poignards : *Français ! si vous avez soif, voici de quoi vous désaltérer !*

J'ai vu payer jusqu'à cent francs un baril contenant vingt litres d'eau, et celui qui l'avait acheté en a revendu une partie quinze et même vingt francs la bouteille. L'homme qui va perdre la vie, ne donnerait-il pas tout ce qu'il possède pour se la conserver ? Telle était notre situation. Les pièces de 20 francs n'avaient cours que pour 20 réaux, c'est-à-dire à peu près 5 fr. 25 c. de monnaie de France, et les écus de 5 fr. ne passaient que pour 5 réaux, soit 1 franc 25 c.

Au bout de deux mois, on envoya des marins français pour laver les pontons. La tâche n'était pas aussi difficile qu'elle l'aurait été quelque temps plus tôt ; car plus de la moitié d'entre nous avait déjà succombé. Ces marins faisaient partie de l'équipage de quatre vaisseaux français , qui s'étaient échappés du combat de Trafalgar , et avaient gagné la rade de Cadix. Là , ils se battirent pendant huit jours , en désespérés , comptant que l'on viendrait à leur secours. Enfin , voyant que leur attente était vaine et qu'ils étaient réduits à l'extrémité, ils se rendirent à discrétion.

Les pontons étaient devenus plus propres , mais la mortalité n'en continua pas moins de sévir. La privation d'eau nous faisait plus souffrir que le manque de pain. Nous essayâmes de boire l'eau de mer ; elle nous donnait des vomissements. Moi-même , je voulus en boire mêlée avec du vinaigre ; je crus avoir les entrailles brûlées. Dépourvus de toute espérance , nous n'attendions plus que la mort pour mettre un terme à tant de maux.

Une autre circonstance rendait notre position plus malheureuse. Il y avait à bord des pontons trois cents sous-officiers , qui s'étaient emparés d'une partie du vaisseau et s'y étaient réunis tous ensemble. Chacun d'eux allait à son tour chercher à la cuisine une gamelle de soupe , que le cuisinier n'osait refuser , tandis que nous n'avions , nous , qu'une gamelle pour quinze. Lorsqu'on nous amenait dix barils d'eau , ils en prenaient cinq pour eux qui n'étaient que trois cents , et il nous en restait cinq pour deux mille cinq cents que nous étions. Avant que la mortalité se fût déclarée , nous n'en avions pas davantage ; les sous-officiers avaient toujours une ou deux tonnes d'eau de reste, quand la provision arrivait, tandis que souvent nous n'en avions pas une seule goutte pendant trois ou quatre jours. J'ajouterai que le sergent-major, chef de la cambuse, s'entendait avec le fournisseur des vivres. Ce qui le prouve, c'est qu'avant que les Espagnols eussent connaissance du nombre des morts jetés à la mer, ils auraient continué à apporter la même quantité de rations de pain, s'ils n'avaient pas été informés par dessous main. Nous avions perdu six cents hommes. Le chef de cambuse dit au fournisseur de ne lui amener que deux mille deux cents pains, au lieu de deux mille huit cents, ajoutant qu'il lui ferait un reçu de deux mille huit cents. Par conséquent, il y avait à partager entre eux six cents pains, formant mille deux cents rations, et une égale quantité de rations de riz pour la soupe ; que le sergent-major reçût en argent la moitié ou seulement le tiers de la valeur de ces rations, il n'en est pas moins vrai qu'il avait amassé une douzaine de mille francs, tandis qu'il ne possédait pas un sou en arrivant sur l'*Argonaute*. Ce qui est certain, c'est que le fournisseur n'amenait que le nombre exact des rations ; or, comment aurait-il pu faire son compte si juste, s'il n'eût été instruit par celui avec lequel il entretenait une coupable connivence. Si le sergent-major ne se fût pas entendu avec le fournisseur, nous aurions profité assez longtemps de la ration des morts, et c'eût été un dédommagement des rations dont on nous avait frustrés. A la vérité, nous n'en aurions pas moins souffert du manque d'eau, privation qui était la plus cruelle lorsqu'elle se prolongeait pendant trois ou quatre jours; car la plupart d'entre nous ayant le scorbut et les gencives saignantes, il aurait fallu de l'eau pour détremper le pain ou le biscuit, sans cela, malgré le besoin, il était impossible de manger.

Les sous-officiers, eux, n'ont enduré aucune de nos privations; jamais ils n'ont manqué d'eau ni de pain. Et lorsque nous essayions de leur adresser de justes réclamations, par rapport à la soupe et au pain, de leur faire entendre que l'infortune devait resserrer les liens de la fraternité, ils n'en tenaient aucun compte. Par malheur, nous n'avions pas d'officiers auxquels on pût se plaindre; ils étaient sur d'autres pontons.

Ce ne sont pas tant les maladies, que la disette et les privations, qui ont causé la mort de la plus grande partie d'entre nous; et cela est d'autant plus vrai, que les sous-officiers n'ont perdu qu'un homme sur trois cents, pendant les trois mois que nous avons passés sur l'*Argonaute*, tandis que les soldats et caporaux ont vu périr 2,183 hommes sur 2,500. Nous étions tous en bonne santé à notre arrivée sur ces funestes pontons; en l'espace de trois mois, la mort a moissonné plus de la moitié du corps d'armée du général Dupont, et la plupart de ceux qui ont succombé étaient des hommes à la fleur de l'âge, des jeunes gens de 20 à 21 ans.

Ah! ceux qui n'ont pas été témoins de nos souffrances se refuseront peut-être à me croire; je n'en suis pas surpris, car moi qui les ai éprouvées, qui ai vu périr à mes côtés tant de mes compagnons de misère, il

me semble que j'ai été le jouet d'un mauvais rêve...
Dès que la nuit approchait, bon nombre d'entre nous
n'y voyaient plus à se conduire, les privations et les besoins avaient affaibli leur vue... Et quand, le soir venu,
nous nous étendions sur ce plancher, devenu notre lit
de douleur, nous échangions un adieu, car, hélas ! lequel de nous aurait pu espérer que le lendemain se
lèverait pour lui? Maintes fois, il m'arriva d'éprouver un violent besoin d'uriner, et je ne faisais que du
sang. Je vis plusieurs de mes camarades atteints de la
même souffrance, rendre le dernier soupir... Enfin, la
fièvre, que me donnait la soif, m'occasionnait, la nuit,
des rêves pendant lesquels je me voyais aux bords du
Rhône, ou de quelque fontaine, trempant dans l'eau
un morceau de pain. Il serait impossible de peindre tout
le bonheur que me faisaient goûter de pareils rêves ;
mais, au réveil, je me retrouvais en face de la triste
réalité !...

Souvent, je dois l'avouer, au milieu de notre détresse,
nous proférâmes des blasphèmes, et révoquâmes en
doute la justice et la bonté de l'Être suprême ! Nous
étions coupables, sans doute, mais notre position n'é-
tait-elle pas déplorable? La croix brillait au sommet
des édifices des villes qui nous entouraient ; au milieu
de la civilisation, nous aurions pu nous croire parmi
les Barbares. De tous les ordres religieux qui abondent
dans l'Espagne, aucun ne se montra compatissant à
notre égard ; pas un prêtre, pas un moine ne vint
pendant les trois mois de notre séjour sur les pontons,
nous apporter une parole d'espérance et de consolation.

Et pourtant, on ne refuse pas les secours de la religion aux voleurs et aux assassins. Ce n'est point que je veuille dire que parmi les prêtres ou moines qui se montrèrent si indifférents à nos souffrances, il ne s'en trouvât pas beaucoup chez lesquels la voix de l'humanité ne parlât en notre faveur ; mais la crainte de se compromettre paralysait leur bon vouloir. S'ils fussent venus sur les pontons nous consoler et nous exhorter à la patience, au nom de Dieu, les Espagnols les auraient regardés comme des traîtres, et parce qu'ils eussent agi en chrétiens, les fanatiques les auraient accusés d'être les amis des Français.

En tout temps et chez tous les peuples, l'esprit de parti est implacable dans ses haines. Aux jours de nos discordes civiles, si un républicain eût sauvé la vie à un royaliste, on n'aurait pas manqué de dire qu'il était royaliste ; de même que si un royaliste eût sauvé un républicain, c'en était assez pour le faire déclarer républicain. Le fanatisme politique, de même que le fanatisme religieux, approuve tout ce qui est dans ses principes ; il incrimine tout ce qui est en dehors, ou qui lui paraît leur être opposé.

L'homme indépendant et qui n'écoute que sa conscience, peut seul conserver l'esprit de justice et se montrer humain en toute occasion.

Tous les négociants français avaient été arrêtés et jetés sur les pontons ; la plupart ont été ruinés totalement. Or, si comme j'en ai manifesté le vœu dans le préambule de cet écrit, il y avait des ambassadeurs parlant au nom du Dieu dont ils seraient les ministres, les choses n'auraient pas suivi le même cours. Des prêtres ou des religieux seraient venus nous visiter ; ils nous eussent fait entendre la voix de la charité évangélique, et, confidents de nos douleurs, ils auraient fait leurs efforts pour les adoucir. A leur tour, les négociants arrêtés auraient pu, par l'intermédiaire de ces ambassadeurs, faire entendre leurs justes plaintes à la régence de Cadix. Mais nous étions dans la position d'un homme jeté au fond des cachots, et auquel on interdit toutes réclamations contre sa longue et injuste captivité.

Pendant le premier mois de notre séjour sur les pontons, il y vint un officier français qui nous conseilla de prendre du service sous ses ordres. Nous refusâmes ses offres, et nous eûmes grand tort ; car ce militaire voulait former des légions étrangères, qui auraient été commandées par des officiers suisses ou français. Mais nous gardions toujours l'espoir d'être rendus et ramenés en France. Cette illusion fut de courte durée, et notre espérance fut trompée bien cruellement.

J'abrége le détail de toutes nos infortunes, car la lecture en serait trop pénible par quiconque a un peu de sensibilité. On nous avait annoncé que l'on s'occupait d'approvisionner des bâtiments pour nous transférer. En effet, trente-deux bâtiments marchands ne tardèrent pas à venir chercher les débris de l'armée de Dupont, c'est-à-dire le petit nombre de ceux d'entre nous qui avaient échappé à la mort. Nous partîmes de la rade de Cadix le jour de Pâques, ignorant où l'on nous conduisait. Nous pensions être amenés en France. Hélas !

il n'en était pas ainsi. A la vérité, dès que nous fûmes sur ces bâtiments nous ne souffrîmes plus tant des privations; là, du moins, nous avions de l'eau à volonté.

A la hauteur de Malaga, nous essuyâmes une horrible tempête. Les trente-deux bâtiments qui formaient la flotille de transport cherchèrent un refuge dans les ports voisins. Nous rétrogradâmes vers Gibraltar. Dans cette rade, les Anglais nous vendirent divers objets, et ne les firent payer qu'un prix raisonnable; de plus, ils prenaient l'argent de France pour sa valeur représentative; il y avait donc plus de véritable humanité et de charité chrétienne chez ceux que les Espagnols appelaient des infidèles, qu'auprès des fidèles qui n'en ont que le nom.

La mer s'étant calmée, on remit à la voile, et les bâtiments purent se rallier à la hauteur de Carthagène. Mais, vers les côtes de Mahon, nous fûmes assaillis par une seconde tempête, qui dura quatre jours. Nous roulions au milieu des flots, et nos entrailles éprouvaient une commotion, un bouleversement pareil à celui qui agitait le navire, lequel penchait et se couchait tantôt d'un côté, tantôt de l'autre.

Les marins adressaient des vœux et des prières à ceux des saints de leurs pays réputés pour opérer le plus de miracles. A chaque instant on redoutait que les bâtiments ne se heurtassent les uns contre les autres.

Enfin, nous entrâmes dans la rade de Majorque, attendant ce qu'on devait décider à notre égard. On avait d'abord désigné les prisonniers de quatre des bâtiments pour être échangés contre des prisonniers espagnols. Pour profiter de cet échange, bon nombre d'officiers obtinrent, à prix d'or, d'être transférés sur les bâtiments désignés; mais leur espérance fut trompée, et leur argent perdu; car l'ordre arriva de Palma de nous transporter à l'île de Cabréra.

En arrivant au milieu de ces rochers sauvages et arides, nous ne trouvâmes pas une maison, pas une cabane, si ce n'est un vieux fort délabré, à l'entrée de la rade et bâti sur le pic d'un rocher. Nous n'avions pour abri que la voûte du ciel. Comme on avait débarqué les marmites de bord, notre premier soin fut d'échauder nos vêtements, pour détruire la vermine qui nous dévorait; et ce fut un grand soulagement pour nous que d'en être enfin délivrés. Nous pensions n'être là que pour faire quarantaine, et nous espérions sortir bientôt de cette île déserte. Nous n'avions pas de capotes, et la rosée, qui tombait pendant la nuit avec abondance, nous glaçait le corps. Nous fîmes des provisions et on dressa quelques tentes pour les malades, afin d'attendre plus patiemment la fin de la quarantaine. Mais il tomba tant de pluie pendant trois jours de suite que l'eau, descendant par torrent du haut des rochers, se frayait un passage sous les corps de nos malades couchés à terre et creusait la terre jusqu'à une profondeur de six pouces au-dessous d'eux. Au bout de quatre jours, on sortit ces malades de leurs tentes à moitié enterrées dans la boue, et on enleva ces tentes qui ne pouvaient plus être utiles. Nous demeurâmes plusieurs jours dans nos vêtements tout mouillés. Cette épreuve nous donna une leçon. Les quarante jours s'étaient écoulés, et nos espérances de quitter l'île ne se réalisant pas, nous nous mîmes à construire de petites maisons, ou plutôt des cabanes, dans chacune desquelles plusieurs individus pouvaient se loger. Elles étaient couvertes de broussailles, et on les enduisait d'une couche de terre, afin de les rendre impénétrables à la pluie; nous fûmes ainsi un peu à l'abri des intempéries du climat.

Notre ration consistait, pour quatre jours, en deux pains de munition, huit onces de fèves, appelées gourganes, et deux onces d'huile. Quant aux fèves, il en manquait souvent le quart, dont on nous frustrait. Quelquefois aussi nous recevions à peu près quatre onces de merluche; mais alors on diminuait la quantité de fèves. Pendant les premiers mois de notre séjour à Cabréra, les Majorquins nous envoyaient de la salade, des choux, et du vin qu'ils nous vendaient quatre sous leur mesure, équivalant à un litre environ. Mais cette commisération qu'ils nous témoignaient et qui se traduisait par ces envois, ne tarda pas à s'affaiblir de jour en jour. Le gouverneur de Palma ayant été changé, on cessa bientôt de nous envoyer du vin; ou du moins, ce ne fut plus que par hasard, sans que l'autorité en eût connaissance, et on le vendait 2 fr. 50 c. le litre, ce qui eut bientôt épuisé le peu d'argent qui nous restait. Plus tard, voyant qu'ils n'en vendaient plus, ils abaissèrent le prix jusqu'à 50 c.; mais cette diminution fut inutile; nos bourses étaient épuisées aussi bien que nos corps. La barque qui nous amenait le pain n'arrivait plus aussi régulièrement ; on nous faisait attendre notre ration pendant un ou deux jours. Ce qui demeurait en retard était perdu pour nous ; on voulait sans doute nous accoutumer à vivre sans manger.

La première année, nous perdîmes 2,200 hommes, et cette grande mortalité provenait beaucoup moins du manque de vivres que du grand nombre de scorbutiques, qui, sortis des pontons de Cadix, sont venus mourir à Cabréra, faute de pouvoir guérir cette maladie.

En effet, nous avons bien plus souffert des privations les années suivantes, et cependant on a perdu moins de monde ; car les vivres de ces 2,200 morts, que l'on avait nommés les hommes de bois, nous arrivaient toujours, parce que les Espagnols ignoraient le nombre de nos morts. A la vérité, les sous-officiers profitaient seuls de cette ration de supplément ; mais l'abondance régnait un peu dans Cabréra. La société dite des *Amis réunis* construisit une barque ; les voiles furent faites avec des chemises et des morceaux de pantalons et d'habits. Puis, ils mettent à la voile par une belle nuit, arrivent à Taragonne, adréssent une pétition au Gouverneur de Barcelonne, et furent échangés.

Quelque temps après, les Espagnols vinrent passer une revue de rigueur, et depuis lors, nous ne profitâmes plus des rations de ces 2,200 morts ; ce qui fut un grand malheur pour nous. A l'exemple des *Amis réunis*, qui, les premiers, avaient construit une barque, les officiers en firent construire une qui pouvait contenir soixante hommes ; elle était déjà prête, lorsqu'un misérable en trahit le secret, pour un biscuit, au capitaine

de la chaloupe qui nous gardait. Depuis lors, toutes
les barques construites dans les montagnes furent découvertes, et il fallut recourir à d'autres moyens.

Bientôt plusieurs bâtiments entrèrent dans la rade;
ils venaient chercher les officiers et sous-officiers, au
nombre de 800, pour les conduire en Angleterre. Les
soldats, voyant que l'on ne pouvait plus les nourrir,
espéraient être rendus en France. La disette se faisait
sentir, et le pain qui nous était dû tous les quatre jours,
n'arrivait souvent qu'au bout de dix. Nous demeurâmes sans pain pendant six jours. Quelques-uns d'entre
nous ayant aperçu la barque qui amenait le pain, vers
la pointe du rocher de Maïorque, vinrent nous annoncer cette bonne nouvelle, qui ranima notre espérance.
Toux ceux auxquels leurs forces permettaient de marcher coururent en toute hâte pour voir arriver la barque. Au bout de cinq heures, elle arriva en face du
port, mais sans pouvoir y entrer et fut obligée d'aborder ailleurs. A ce moment, les officiers étaient encore
à Palma. Il n'y avait là qu'un seul officier, M. Mons-
sac, sous-lieutenant dans la 4e légion, qui était prési-
dent du conseil des sous-officiers. Il fut décidé parmi
eux qu'il fallait enlever la barque au pain, et l'exécu-
tion de ce projet était facile, puisque la chaloupe canonnière était dans l'autre port. Lo patron, nommé Don
Juan, débarqua la provision de pain au bas de la montagne de Crève-Cœur. (On appelait ainsi cette montagne).
Deux mille soldats étaient là, les uns couchés, d'autres,
c'est-à-dire ceux qui avaient la force de se soutenir, de-
bout, et regardant tous débarquer ces vivres qu'on

nous amenait pour six jours. A peine avait-on mis la moitié du pain à terre, que les sous-officiers, sans s'inquiéter de notre triste position, et des nombreuses victimes qu'ils allaient faire, et n'écoutant que leur ardent désir de revoir la patrie, sautent dans la barque. Les marins hissent les voiles; en un instant, cent hommes se sont emparés de la barque. Mais un cri d'alarme retentit sur la montagne ; les pierres pleuvent comme la grêle, et ceux qui étaient entrés dans l'embarcation en sortirent plus vite qu'ils n'y étaient entrés. Certes, si nous n'eussions pas été aigris par nos malheurs, nous eussions été coupables d'empêcher nos compagnons d'infortune de retourner dans leur patrie et d'aller grossir les rangs de ses défenseurs. Mais si l'on a mis obstacle à leur départ, ils ne doivent l'attribuer qu'à eux-mêmes, à leur défaut de jugement et à leur manque d'humanité envers leurs frères. S'ils eussent laissé mettre à terre la totalité des vivres, et réservé seulement leur ration, ils auraient eu pour six jours de vivres; c'était plus qu'il n'en fallait pour aller jusqu'à Barcelonne, au cas qu'ils eussent réussi. S'ils eussent agi ainsi, on ne se serait point opposé à leur départ, et nous n'aurions éprouvé d'autre regret que celui de ne pouvoir partager leur fuite. Mais, en s'emparant de la barque, ils nous frustraient de douze mille rations, sans compter l'huile et les gourganes ; de sorte que si la barque eût tardé six jours à revenir, nous aurions été trois jours sans pain.

Plusieurs furent pris à voler du pain ; on leur infligea des corrections sévères, mais qui n'étaient que justes, si l'on considère qu'en volant la ration de leurs compa-

gnons d'infortune, ils leur ôtaient la vie. Enfin, les châ-
timents nous délivrèrent des vols, et depuis que des
exemples eussent été faits, il n'y eut plus de voleurs
dans le corps. Voici un fait que je cite pour prouver
comment les voleurs étaient punis :

Un soldat avait eu l'idée de faire un jardin, ce qui
inspira la pensée au prêtre qui était avec nous, de se
faire apporter des graines, qu'il partagea, et la plupart
d'entre nous firent des petits jardins. Un soldat étant
entré dans un jardin pour voler, fut tué ; un autre qui
avait volé des plans de choux, fut passé par les verges.
Le prêtre avait fait semer des cotonniers, dans le dessein de nous faire des pantalons ; mais ces arbustes cre-
vèrent. Car l'eau manquait, et il n'y avait qu'une petite
fontaine qui nous en fournît ; encore fallait-il attendre
deux jours pour s'en procurer un bidon. Quand les officiers étaient avec nous, il fallait passer trois nuits à
faire la chaîne pour en avoir un bidon. Car alors, les
officiers et les malades en prenaient le jour, et les soldats la nuit. A la vérité, il y avait aussi un puits, mais
l'eau en était saumâtre et ne valait rien pour boire.
Lorsqu'il pleuvait, on allait ramasser l'eau dans les
creux des rochers ; celle qui demeurait quinze jours
dans ces creux, devenait salée par suite de l'évaporation produite par l'air et la chaleur du soleil.

Nous avions découvert une petite source au milieu
d'un rocher, mais il fallait plusieurs jours avant d'en obtenir une cruche ; au surplus, elle n'était pas connue
de tous les soldats. Dans la suite, on nous amena de
l'eau. Un jour que la chaloupe canonnière qui nous gar-

dàit était sortie de la rade, la barque qui nous apportait l'eau; arriva. Après qu'elle eut descendu à terre la provision, trois marins de la garde s'élancent dans la barque et s'en emparent. Il n'y eut qu'un soldat qui se trouvât là; il partit avec eux. Si le pain ne nous eût pas manqué depuis deux jours, et si la plupart des soldats n'eussent pas été couchés, il y en aurait eu un grand nombre sur le rivage, et il n'est pas douteux que tous n'eussent sauté dans la barque, laquelle pouvait contenir au moins cent hommes. Lorsque la barque qui emmenait les fugitifs quitta le port, le prêtre les rappela en les invitant à revenir, leur promettant que rien ne leur arriverait, et ajoutant que n'ayant pas de vivres, ils mourraient tous de faim. Ils répondirent : « L'espérance nourrit les fidèles; adieu, Monsieur le curé, nous allons revoir Napoléon. » Ils arrivèrent en effet à Barcelonne. Je dois ajouter que l'on nous a fait payer cette barque 8,000 réaux, et que l'on a retenu cette somme sur nos vivres. Enfin, il fut défendu aux barques de pêcheurs d'aborder à l'île.

Chacun mettait à profit sa profession ou son industrie; les uns tissaient du fil, d'autres faisaient des pagnes; ceux-ci des cuillères de bois, ceux-là des castagnettes. On avait établi une forge; tous les cercles des gamelles de bord ont été employés à faire des scies ou des couteaux. Quelques-uns allaient à la mine de sel, et plus de cinquante se sont tués en descendant les rochers. Toutes les barques qui se construisaient dans la forêt étant découvertes, on se détermina à les construire dans les baraques; on faisait une pièce d'un côté, une

de l'autre, et ensuite on les rapportait, on les ajustait
pendant la nuit. Lorsqu'on s'était assuré qu'il ne manquait plus rien à l'embarcation, on portait les pièces sé-
parément dans les endroits où s'arrêtaient d'ordinaire
les barques de pêcheurs; puis on montait ces canots,
et, à force de rames, on se dirigeait vers la barque
dont on voulait se rendre maître. Ce moyen a réussi
plus d'une fois; mais la tentative n'était pas toujours
couronnée d'un plein succès, et, souvent, des fugitifs
ont été repris en mer. Un soldat aperçoit un jour sur le
rivage une barque que l'on avait tirée à terre pour la
réparer. Il court en toute hâte vers le camp, et annonce
cette heureuse découverte. Un marin de la garde et
huit soldats partent aussitôt, emportant chacun un pain
de munition. Arrivés sur les lieux, ils s'emparent de la
barque, malgré l'observation faite par les pêcheurs
qu'elle était hors d'état de tenir la mer, et qu'elle faisait
eau de tous côtés. Le marin français se rangeait à leur
avis; mais les soldats connaissant moins les dangers,
n'écoutant que le désir de quitter au plutôt cette île,
théâtre de leurs misères, ne s'arrêtent à aucune observation, et se mettent à boucher les principales fentes,
puis ils lancent la barque en mer. Le marin refuse de partir; on l'y force, et on contraint également les pêcheurs
à entrer dans la barque, qui faisait encore beaucoup
d'eau. A la vérité, ils auraient bien laissé les pêcheurs,
mais on craignait qu'ils n'informassent du départ le capitaine de la chaloupe canonnière, qui aurait fait poursuivre les fuyards. Ces deux pêcheurs furent débarqués
sur les côtes de Maïorque, et ils quittèrent nos compa-

gnons en leur souhaitant un bon voyage. Pendant sept jours, cette embarcation eut à lutter contre les flots et les vents qui contrariaient la manœuvre et empêchaient nos hommes d'arriver à terre ; pendant sept jours ils demeurèrent entre la vie et la mort. A leur départ, il se trouvait dans un baril sept à huit litres d'eau ; cette provision ne dura que deux jours ; constamment il fallait écouler l'eau pour empêcher la barque d'aller à fond. Enfin, ils aperçoivent la terre, et cet aspect ranime leur courage abattu par la fatigue. Ils touchent cette terre tant désirée, débarquent et se reposent un instant, et voient leur barque couler à fond. Apercevant un couvent à quelque distance, ils se mettent en route pour y aller. Mais, pendant quatre jours ils avaient eu les pieds et les jambes dans l'eau jusqu'aux genoux, et pas une goutte d'eau n'était entrée dans leurs corps.

Arrivés à ce monastère, ils demandent de l'eau ; on leur en donne, et on s'informe d'où ils viennent. « De l'enfer, répondent-ils. » — Dieu est juste, réplique-t-on, et si vous y étiez, vous l'aviez mérité. — Peut-être, répliquèrent-t-ils à leur tour ; d'autres qui n'y sont pas, ont plus mérité d'y être que nous. On les conduisit à Villeneuve. Une galère qui venait d'Amérique les ramena à Cabréra, en même temps que 1,400 prisonniers venus d'Alicante pour partager nos misères. Deux corsaires partis de Marseille rencontrent ces bâtiments, les abordent, et voyant qu'ils emmenaient des prisonniers, gagnent du large, mais une frégate anglaise, sortant de la rade de Maïorque, aperçoit les corsaires, fait voile sur eux et les prend, quoiqu'ils eussent jeté leurs canons à la mer pour alléger leur charge. L'un des capitaines de ces corsaires vint à Cabréra, il demanda si parfois il venait des barques de pêche; on lui répondit qu'il leur était défendu d'aborder l'île. Trois jours après, survint une horrible tempête; le hasard permit qu'une barque de pêche vint s'abriter dans la rade. Dès qu'elle fut aperçue, on en avertit le capitaine. C'était par une nuit ténébreuse, et l'on ne distinguait la barque qu'à la lueur des éclairs. Le capitaine se jette à la nage, va couper la corde qui attachait l'ancre, et amène la barque près du rivage. Les Espagnols dormaient, et ne s'éveillèrent qu'au moment où les soldats s'embarquaient. On n'emmena point les pêcheurs auxquels appartenait la barque, et on ne craignait pas les poursuites de la chaloupe canonnière, dont le capitaine n'aurait pas osé s'aventurer en mer par un temps pareil. Les fugitifs relâchèrent à Minorque, firent provision d'eau et de pain, et arrivèrent heureusement à Barcelonne.

Une autre fois, un brick anglais avait relâché à Cabréra; le capitaine descend à terre dans son canot, et après quelques instants de promenade avec ses canotiers, revient et trouve le canot disparu. L'enlèvement de ce canot s'était opéré en plein jour, et ce qu'il y a d'extraordinaire, c'est que ni le brick, qui était près de là, ni la chaloupe canonnière ne s'en aperçurent. Vingt jours plus tard, ce même canot servit à enlever une barque de pêche, en pleine mer; on le donna aux pêcheurs, en échange de leur barque, et ils revinrent avec lui à Cabréra.

D'autres enlevèrent encore aux Espagnols une barque qu'ils avaient placée dans l'endroit même d'où était parti le capitaine corsaire, dans le but de punir la témérité des prisonniers. Mais le piége fut découvert, et on saisit avec habileté un moment favorable où deux espagnols seulement étaient commis à la garde de la barque, et postés dans une grotte voisine du rivage. On s'empara de leurs armes, puis on les força de s'embarquer ; ensuite on les aborda sur les côtes de Maïorque. Mais cette fois les fuyards furent repris par une frégate anglaise, au moment d'entrer dans le port de Barcelonne, et on les ramena à Cabréra. Le capitaine de la frégate leur dit : si j'avais su que vous étiez des prisonniers, je vous aurais laissé passer. Je pourrais citer beaucoup d'autres faits semblables, bon nombre d'autres tentatives, les unes opérées avec un plein sucsès, les autres ayant échoué ; mais je dois abréger le plus possible tous ces détails.

J'ai dit tout-à-l'heure que 1,400 prisonniers étaient venus d'Alicante nous rejoindre à Cabréra. Les Espagnols refusaient de les recevoir, disant qu'ils ne pouvaient pas nourrir les prisonniers qu'ils avaient déjà ; que le blé leur manquait. Les Anglais ne tinrent nul compte de ces objections, ils descendirent les prisonniers à terre, et les déposèrent sur le pic d'un rocher ; ils furent obligés de passer en ce lieu toute leur quarantaine. Les Espagnols n'amenèrent pas de vivres pour ces nouveau-venus. Depuis deux mois, nous étions à la demi-ration et nous recevions une livre un quart de pain pour quatre jours, et bien qu'affamés au point de pouvoir manger le tout en un déjeûner, nous dûmes cependant partager avec nos camarades venus d'Alicante; il ne nous restait donc plus que trois quarts de livre de pain à chacun.

Enfin, quinze jours après, leurs vivres arrivèrent; le brick l'*Espoir*, entre dans le port; c'était le même brick qui avait escorté les officiers et sous-officiers à leur départ pour l'Angleterre. Le capitaine débarque et vient se loger dans la baraque Napoléon, ainsi nommée, parce qu'en la construisant on avait inscrit sur cette baraque le nom de Napoléon, en petit gravier noir. Le capitaine était accompagné d'un aide-de-camp du général Dufour, qu'il avait pris à son bord, après que cet officier se fut fait reconnaître à lui pour franc-maçon.

Il me reste à citer des circonstances qui navrent le cœur. Un bâtiment anglais était entré dans le port. Le capitaine avait loué une baraque, et avait fait débarquer deux porcs. On apporte pour ces animaux une auge toute pleine, qu'on place derrière la baraque. Quelques soldats, qui se trouvaient là, ne laissent pas aux animaux le temps de manger le contenu de l'auge; ils l'emportent et se sauvent dans la montagne; à leur retour, ils racontaient avec bonheur l'excellent repas qu'ils venaient de prendre; c'était, disaient-ils, le meilleur qu'ils eussent fait depuis leur séjour dans l'île de Cabréra... Le capitaine, instruit de la chose, se contenta de dire : « Puisque ces prisonniers mangent la « nourriture de mes cochons, ils pourraient bien man- « ger les cochons eux-mêmes. » Et incontinent ils les fit reconduire à bord.

J'arrive maintenant à la plus grande disette que nous ayons éprouvée à Cabréra ; elle dura neuf jours, il n'y avait pas un seul morceau de pain dans l'île ; quelques-uns possédaient trois ou quatre fèves mises en réserve pour les cas extrêmes ; mais tous n'avaient pas cette précaution de réserver quelques fèves à chaque distribution de vivres. Les chardons furent cueillis et épuisés en peu de temps ; il en fut de même des lézards et autres animaux ; on les dévora en quelques jours.

Il y avait aussi dans l'île une plante nommée *patate*. Tous ceux qui en avaient fait usage dans les disettes précédentes avaient péri ; leur foie était rongé et tombait en morceaux. Et cependant, bien que l'expérience eût prouvé que cette plante était nuisible, on ne cessait pas de la rechercher. On ne peut, sans l'avoir vu, se représenter sous les couleurs véritables, un tableau aussi déchirant. Trois mille prisonniers, réunis au sein de ces montagnes, y cherchaient à la fois et la vie et la mort. Chacun était muni d'un couteau ou d'un morceau de bois, à l'aide desquels on déterrait ces patates ; la plus grosse racine né l'était guère plus qu'un porte-plume ; et il fallait au moins chercher tout un jour pour en amasser une ou deux onces.

J'ai vu des marins de la chaloupe canonnière commise à notre garde verser des larmes sur notre sort. — Ils n'avaient qu'environ 250 grammes de lard pour leur ration, et cependant ils ont souvent partagé avec nous ; ils nous donnaient tout ce qu'ils pouvaient ; bien différents en cela des misérables fanatiques qui nous gardaient sur les pontons de Cadix, et qui se réjouissaient d'autant plus que la mortalité faisait plus de vide dans nos rangs !

Au bout de cinq ou six jours, consacrés à la recherche du chardon et des patates, le nombre des chercheurs était de beaucoup diminué; le septième jour, il n'y en eut plus un seul; à peine ces malheureux pouvaient-ils se soutenir sur leurs jambes. Le huitième jour, en se levant, sembla voilé d'un crêpe funèbre; il semblait que ce soleil fut le dernier qui se levât pour nous. Dès le matin, on tua l'âne qui servait à porter de l'eau au prêtre et aux malades; distribution faite, il y eut environ une demi-once de viande par homme. Qu'était-ce que cela pour ranimer nos forces totalement épuisées. Etendu à terre, et les yeux levés au ciel, je disais : « Soleil, c'est la dernière fois que je te contemple ! »

A cinq heures du soir, le prêtre, persuadé comme nous que le moment suprême était venu pour nous tous, porta le saint Viatique dans tout le camp, accompagné seulement d'un soldat qu'il avait pris pour domestique. On n'entendait ni plaintes, ni soupirs; un silence de mort planait sur le camp; on eût dit d'un vaste cimetière !... Le prêtre, dans sa pieuse ronde, trouvant un grand nombre de soldats qui, tombant de faiblesse, étaient couchés sur le sol, les engagea à se retirer dans leurs baraques, parce que le soleil leur ferait mal, Ils répondirent que puisqu'il fallait mourir, il importait peu que ce fût à tel endroit plutôt qu'à tel autre. « Conservez l'espérance, reprit le pieux ecclésiastique, Dieu ne vous abandonnera pas. »

A onze heures du soir, le commandant de la chaloupe

canonnière fait tirer le canon pour annoncer l'arrivée de
la barque qui amenait le pain. Des marins parcourent le
camp et y répandent l'heureuse nouvelle. Nos forces semblent renaître avec notre courage; nous étions dans la
position d'un criminel qui reçoit sa grâce, au moment
où le fer du bourreau était déjà suspendu sur sa tête.

Au point du jour, on fit la distribution; tous ceux
qui en avaient encore la force, s'y rendirent; deux suc-
combèrent dans le trajet. Lorsque nous eûmes reçu le
pain, nous essayâmes de le manger... Mais rien ne
pouvait passer. On fit la soupe, et on mangea avec une
grande discrétion; puis le lendemain, on mangea
comme à l'ordinaire. Il était temps, et un jour plus
tard nous étions tous morts.

Je ne dirai plus qu'un mot sur cette épouvantable
disette, mais ce dernier détail est horrible à raconter;
quelques-uns allèrent, pendant la nuit, déterrer des cadavres pour assouvir leur faim!

Mais voici un fait qui passe toute croyance; et cependant, il est du nombre de ceux qu'on n'oserait inventer.

Un Polonais habitait dans la montagne avec un cuirassier; le Polonais tue son camarade pour le manger.
Un soldat du train, en allant à la provision de bois,
trouve dans le feuillage le cadavre du cuirassier, ouvert
et fendu comme le corps d'un mouton à la boucherie.
Ce soldat se sent frissonner à cette vue. Le Polonais
l'aperçoit, et lui crie de s'en aller en le menaçant de lui
faire subir le même sort, s'il ne se retire immédiatement. « Tu ne serais pas si méchant, réplique l'autre;
d'ailleurs, nous serions deux. » Cependant, le soldat

s'éloigne et va faire son rapport au commandant espagnol, qui donna ordre d'aller arrêter le meurtrier. Deux
maîtres d'armes, qui remplissaient les fonctions de gen-
darmes, se rendent sur les lieux et procèdent à son arres-
tation. Ils le trouvent occupé à faire cuire dans un pot le
cœur du malheureux cuirassier. Le misérable polonais,
conduit devant le gouverneur, crut obtenir sa grâce,
en disant qu'il n'avait tué qu'un français. Huit jours
après, l'ordre arriva de Palma de le faire passer par les
armes. Cette nouvelle ne lui causa aucune sensation ; il
paraissait même plus gai qu'auparavant. Le jour où il
subit la peine capitale, se trouva être précisément un
jour de distribution de vivres ; il vendit tout ce qu'il
possédait, en retira trois sous, avec lesquels il acheta
des gourganes qu'il fit cuire avec celles qu'on lui avait
données pour sa ration. On le fusilla sur une colline
où était cantonné le 6e régiment d'infanterie légère. Le
misérable dit qu'il mourait content, qu'il s'était fait une
bosse, et que nous autres, nous mourions de faim.

Pour donner l'explication de ce mot de *bosse* et du
sens qu'il y attachait, je dois dire que les soldats avaient
pris l'habitude de classer les jours, en jours de *bosse* et
jours de *brosse*. Les jours de *bosse* étaient ceux où arrivait la barque au pain ; les jours de *brosse*, ceux
où elle manquait. En se levant le matin, on regardait
quel vent soufflait. Si c'était un vent favorable à l'arrivée de la barque, c'était le vent de *bosse* ; s'il était
contraire, c'était le vent de *brosse*. On avait même
composé une chanson à ce sujet.

Raconterai-je toutes les phases de cette existence affreuse? dirai-je qu'un jour , entre autres , des pirates s'emparèrent de la barque qui nous apportait le pain pour quatre jours , et l'emmenèrent en Afrique ; ce qui produisit une nouvelle disette , dont je tairai les détails; car ils seraient à peu près les mêmes que ceux qui précèdent , et deviendraient aussi fatiguants que tristes pour les lecteurs.

Je m'entretenais un jour avec le curé ; il m'apprit des nouvelles qui, à son point de vue , étaient excellentes , et qui étaient bien mauvaises pour nous , car il m'annonça que les Anglais avaient pris Badajoz, et que le maréchal Soult, battu à Alboira , serait forcé de battre en retraite avec le peu de soldats qui lui restaient. Il ajouta que nous devions compter pour notre délivrance bien plus sur les défaites que sur les victoires des Français ; que d'ailleurs les propositions d'échange avaient été refusées pas Napoléon , qui refusait de reconnaître la régence de Cadix. Je ne rapporterai pas cet entretien dans son entier. Seulement , je dirai que nous discutâmes longuement sur les prières que, de concert avec lui , nous devions adresser à Dieu. Je soutenais que nous ne pouvions élever au ciel les mêmes vœux , puisque notre devoir et nos sympathies nous portaient à demander le triomphe des armes de Napoléon, tandis que lui implorait l'Être suprême en faveur de nos ennemis. Il répondit que Napoléon était trop ambitieux , et que pour sauver nos âmes nous devions déserter ses drapeaux. Je lui objectai que les Français ne pouvaient être sourds à la voix de l'honneur, et que nous devions obéissance à notre souverain.

Nous agitâmes la grande question de la prééminence
de l'âme sur le corps, et sur ce point encore, nous ne
fûmes pas du même avis ; car je prétendais que le corps
méritait bien qu'on s'en occupât, puisqu'il était l'œuvre et l'image du Créateur. A propos des miracles, et de
celui de la multiplication des pains, je demandai à M. le
curé pourquoi il ne priait pas Dieu de lui permettre d'en
opérer un du même genre, lequel viendrait fort à propos pour nous sauver et nous préserver de la famine,
lorsque la provision faisait défaut. Il répondit que ce
qui était arrivé une fois n'arrivait pas une seconde, et
que Dieu ne lui avait point accordé le pouvoir de renouveler ce miracle.

Notre conversation fut interrompue par des cris de
joie que j'entendis tout à coup ; c'étaient mes compagnons qui saluaient l'arrivée de la barque qui amenait
le pain. Je dis adieu au curé, et me hâtai de me rendre
à la distribution. Peu de temps après, nous apprîmes les
désastres de la campagne de Russie, et la trahison des
alliés. Nous ne voulions rien croire, tant il est vrai que
les hommes se refusent toujours à admettre même la
vérité, quand elle est en opposition avec leurs opinions
et leurs sentiments, tandis qu'ils sont disposés à accueil-
lir les absurdités et les invraisemblances qui concordent
avec leur manière de voir.

Un jour, enfin, on voit arriver dans la rade des bâtiments sous pavillon blanc ; tout le monde est étonné, on
se demande à quelle nation ils appartiennent. Ces bâtiments s'approchent, et nous crient : « Français ! nous
venons vous chercher. » Aussitôt, les cris de : *Vive*

l'Empereur ! se font entendre. Un capitaine de frégate débarque, il nous apprend que Napoléon a cessé de régner, et que le souverain de la France est Louis XVIII ; qu'en conséquence, il faut crier : *Vive le Roi !* Les circonstances imposent la loi ; on proféra donc le cri mis à l'ordre du jour ; mais chacun, au fond du cœur, disait encore : *Vive Napoléon !* Car la liberté de penser est le seul bien que l'on ne puisse jamais nous ravir.

Je n'ai donné qu'un aperçu sommaire et très-abrégé de toutes nos misères, soit sur les pontons, soit à Cabréra. Si je voulais en relater toutes les circonstances, dix volumes suffiraient à peine ; et ce ne serait d'ailleurs qu'une répétition continuelle des mêmes souffrances, qui attristerait et lasserait le lecteur. Seulement, je veux établir que nous avons beaucoup moins souffert à Cabréra que sur les pontons de Cadix. Nous étions 6,700 hommes, lors de notre arrivée dans l'île ; 1,400 sont venus d'Alicante nous y rejoindre. Ajoutez deux compagnies de voltigeurs et grenadiers du 14ᵉ et quelques petits détachements ; le tout pouvait former 9,000 prisonniers. Il en est mort 5,000 ; 3,000 ont été rendus, 200 s'engagèrent pour la Sicile et s'emparèrent du bâtiment ; mais ils furent repris par les Anglais, qui les conduisirent à Tunis, et, plus tard, ils furent ramenés en France ; 800 s'engagèrent pour former un bataillon de garde Wallone, et rejoignirent l'armée française, de sorte qu'ils rapportèrent en France leurs armes abandonnées à Baylen. Les 5,000 hommes morts appartenaient au corps d'armée du général Dupont ; car les débris de ce corps ont été les premiers transférés des pon-

tons à Cabréra. Ces 5,000 hommes forment toute notre
perte , pendant cinq ans et demi. Tandis que , dans l'espace de six mois , nous avons perdu 14,000 hommes,
savoir : 2,000 morts ou égorgés , en l'espace de trois
mois dans les cantonnements, et 12,000 sur les pontons,
en trois mois que nous y avons demeuré. Les débris de
l'armée, réunis à Cabréra, faisaient un total de 6,700
hommes ; car le bataillon suisse qui s'est engagé , et
quelques compagnies qui ne sont pas venues à Cabréra ,
formaient environ 1,300 hommes. On peut juger par là
que, comme je l'ai dit plus haut, les misères éprouvées sur
les pontons surpassent de beaucoup celles de Cabréra.

Mais s'il existait des règles d'ordre et de morale pour
la guerre, tous ces crimes , tous ces malheurs n'arriveraient pas ; car il est bien certain que les rapines et les
brigandages dont quelques-uns de nos soldats se rendirent coupables en Espagne, ont été les principales causes des traitements odieux et barbares que nous avons
essuyés. On parle beaucoup de l'ordre en temps de
paix , mais il n'en est plus , ou très-peu , question en
temps de guerre. L'ordre est dans les canons et dans les
baïonnettes. A ce sujet, je vais citer quelques faits au-
thentiques et concluants.

Le maréchal Soult , dans une proclamation adressée
à son armée , avait interdit sévèrement le pillage , et
déclaré qu'il se montrerait inexorable envers tous ceux
qui enfreindraient ses ordres. Deux grenadiers entrèrent dans un jardin et prirent des oranges. Le maréchal
voulut qu'ils servissent d'exemple , et on les fit passer
par les armes. Certes, ce n'était pas l'importance du

larcin qui attira à ces deux soldats une condamnation capitale, mais le fait de la désobéissance aux ordres du général en chef. Celui-ci n'a de compte à rendre qu'au souverain. Pour la majeure partie des généraux, le principal culte, c'est l'épée et l'honneur. A la vérité, d'autres affichaient plus de piété, et chargeaient leurs caissons de saints et de saintes de l'Espagne, sans doute pour obtenir leur bénédiction. En se retirant du Portugal, Masséna arriva dans l'Estramadure ; il y avait dans cette province un monastère dont les richesses étaient immenses. Masséna imposa aux religieux une contribution de 8,000,000 de réaux, menaçant de livrer le couvent au pillage, en cas de refus. La somme fut comptée, et le maréchal se repentit de n'avoir pas demandé davantage, lorsqu'on lui eût appris quelle était la richesse de ce couvent.

Les Espagnols, voyant punir des soldats pour des vols de peu d'importance, disaient : «On inflige des peines sévères pour des bagatelles, et on laisse impunis ceux qui nous ravissent nos beaux tableaux et nos objets précieux. » Ce qui est certain, c'est que la gloire de nos officiers et généraux a diminué, à mesure que leur fortune s'est accrue.

Je vais maintenant citer un fait qui montre comment les Espagnols entendent l'application de la doctrine chrétienne.

Le maréchal Soult avait fait prisonnière de guerre une compagnie appartenant à la division du général Vaester. Les soldats n'avaient pas d'uniforme. On fit sortir des rangs les officiers et sous-officiers, qui avaient seuls l'habit militaire, et les soldats furent passés par

les armes. Lorsque le général espagnol eût été informé
de cela, il écrivit au maréchal Soult une lettre dans
laquelle, après avoir rappelé que, pendant la République, il avait fait prisonniers des soldats français,
sans uniformes et en sabots, et que cependant ils n'avaient point été mis à mort, promettait de tirer vengeance de cette cruauté, et annonçait que les représailles ne se feraient pas attendre. Trois jours après,
un détachement du 58ᵉ étant allé à la découverte, fut
pris et conduit à Grenade ; le général Vaester donna
l'ordre de passer ce détachement par les armes, après
avoir fait sortir des rangs les officiers et sous-officiers.
Quelques dames pieuses s'émurent de compassion pour les
soldats qui allaient périr. Par leurs soins, une quête eut lieu
dans Grenade, et le produit en fut consacré à acheter
pour chacun d'eux une croix qu'ils portèrent sur leur dos
jusqu'au cimetière. Arrivés là, ils creusèrent leur fosse
et on les fusilla sur le bord de leur tombe...

N'est-ce pas là un beau trait de charité chrétienne ?
Est-ce donc remplir tous les devoirs évangéliques que
de mettre une croix sur une tombe ? Ah ! si la religion
était comprise et pratiquée comme elle devrait l'être,
les Grenadins auraient agi tout autrement. Les notables
de la ville, réunis au clergé, seraient allés en députation
auprès du général Vaester et l'auraient supplié de faire
grâce de la vie à ces malheureux. Ils leur eussent fait
comprendre que la justice et la crainte de Dieu ne veulent pas qu'on verse le sang innocent ; ils auraient dit
à ce général : « Dans les combats, où l'on risque sa
vie, il faut tuer pour ne pas être tué. Mais, hors de là,

c'est cruauté que d'immoler de sang-froid ceux que les hasards de la guerre ont fait tomber entre vos mains. Si le maréchal Soult a fait fusiller nos soldats, montrez-vous plus grand et plus généreux que lui ; tout l'odieux de son action servira à rehausser votre magnanimité et votre clémence. » Voilà quel est le langage que les Grenadins, par l'organe des prêtres, auraient dû faire entendre au général Vaester. Nul doute que ces prières n'eussent obtenu un résultat favorable, et qu'elles n'eussent sauvé la vie à nos malheureux soldats.

Si les actes de fanatisme et de cruauté ont été fréquents dans la guerre de la Péninsule, les actes de bravoure s'y rencontrent aussi en grand nombre, et s'il fallait citer les uns comme les autres, je donnerais des proportions gigantesques à ce qui ne devait être, dans ma pensée, qu'un court récit. Et pourtant, je ne puis résister à la tentation de relater encore quelques-uns des faits choisis parmi les plus remarquables de ceux qui se présentent en foule à mon souvenir.

Pendant que le maréchal Soult opérait sa retraite, le corps d'armée qu'il commandait était arrivé dans l'Estramadure. Des vedettes avaient été placées de distance en distance, aux alentours du camp, afin d'éviter toute surprise de la part des ennemis. Deux cuirassiers se trouvaient en faction, assez loin, de sorte qu'ils ne s'aperçurent pas du départ de l'armée, et qu'on oublia de les relever. Ils étaient à leur poste depuis environ deux heures, lorsqu'ils aperçoivent les Anglais ; aussitôt ils courent au galop vers le camp pour donner l'alarme. Dans le trajet, on leur tire des coups de fusils ;

arrivés près de la ville, ils trouvent les paysans armés, disposés à leur barrer le passage. Pendant deux heures entières ils se battent en désespérés, mais leur courage héroïque ne peut les soustraire au péril qui les entoure. Le cheval de l'un d'eux vient à s'abattre, les Espagnols se précipitent sur le cavalier démonté, qui expire sous les coups de poignard. Son camarade veut voler à son secours ; mais il était déjà blessé à l'épaule et aux deux bras, et la grande quantité de sang qu'il perdait lui ôtait peu à peu ses forces ; il n'en continue pas moins de se battre jusqu'à ce qu'il tombe sans vie à bas de son cheval. Les Espagnols admirèrent la valeur de ces deux soldats, et avouèrent que les généraux de Napoléon n'avaient pas de peine à vaincre avec de pareils hommes. Il est vrai que si les cuirassiers eussent été démontés, ils n'auraient pu résister si longtemps ; mais les paysans n'osaient pas frapper les chevaux.

Les deux cuirassiers dont je viens de raconter l'héroïque combat et la mort déplorable tombèrent auprès d'une église. Si, dans le moment où ils soutenaient cette lutte inégale et désespérée, un prêtre fût venu leur dire : « Français ! rendez-vous, votre courage et vos efforts sont inutiles et impuissants pour résister à cent hommes. Et vous, Espagnols ! épargnez vos frères en Jésus-Christ. » Il n'en eût pas fallu davantage pour apaiser la fureur des Espagnols, et les cuirassiers n'auraient plus hésité à se rendre, étant déjà couverts de blessures. S'ils ont persisté à combattre jusqu'à la mort, c'est qu'ils savaient que les paysans ne faisaient pas de prisonniers, et que les habitants de ce village, particulièrement, gardaient un vif ressentiment de haine contre les Français, depuis la bataille de Médina, qui fut livrée en leur présence, et après laquelle le duc de Bellune leur imposa une forte contribution, voulant les punir de leur curiosité qui les avait portés à monter sur les hauteurs voisines, pour voir de plus près la bataille, et ajoutant qu'ils auraient beaucoup mieux fait de demeurer chez eux.

Puisque je parle de l'affaire de Médina, je ne dois pas laisser passer une circonstance qui s'y rattache. Avant de livrer bataille, le duc de Bellune voulait battre en retraite. Le général La Salle, qui commandait la cavalerie, l'en dissuada, et lui fit entrevoir que se retirer c'était s'exposer à perdre la moitié de l'armée. L'armée ennemie s'avançait, et la mitraille ravageait déjà les rangs qui se formaient en bataille. La Salle fait une charge sur la cavalerie espagnole, qui fait demi-tour du côté de Médina. Sans s'amuser à la poursuivre, la cavalerie française, fait demi-tour aussi, et tombe sur le derrière de l'infanterie des Espagnols. Ceux-ci laissèrent 14,000 hommes.

A propos de cette bataille, je mentionne une circonstance assez rare dans les annales de la guerre. Les premiers Espagnols qui ont été sabrés, pendant la charge exécutée sous les ordres de La Salle, sont ceux qui se trouvaient à la garde des équipages. Là se trouvait un Français, prisonnier de guerre et devenu domestique d'un commandant espagnol. Au moment où un cavalier allait lui donner un coup de pointe, il s'écrie : « *Arrête! je suis Français !* » Un dragon croit reconnaître cette voix, et lui demande : « *De quel pays es-tu?—Parisien.*

— *Dans quel régiment servais-tu ?* — *Dans la garde de Paris.* A ces indications, le dragon ne doute plus; c'est un frère qu'il vient de retrouver et qu'il embrasse, sans pouvoir proférer une parole.

Le devoir et l'honneur l'appellent au combat; il court rejoindre ses compagnons. Mais, après la victoire, il vient rejoindre son frère, et tous deux se livrent aux épanchements de l'amitié fraternelle, en fêtant, avec quelques camarades, les vins et les provisions du commandant espagnol.

Je ne prétends pas dire que la cruauté règne chez tous les hommes, et qu'ils soient barbares, de propos délibéré, mais le fanatisme les rend cruels, même à leur insu. En voici une preuve:

A Salamanque, un voltigeur français était logé chez un paysan; il était rempli de prévenances pour son hôte. Ce militaire, qui avait exercé la profession de tailleur, avait confectionné des vêtements pour le paysan et sa famille. Ces Espagnols l'aimaient beaucoup, et le chef de la famille le prouva en ne le tuant pas, comme il avait tué tous les autres qui avaient logé précédemment chez lui. Mais, ayant appris que ce voltigeur devait partir, et ne se sentant pas le courage d'accomplir ce qu'il regardait comme une mission sainte, il alla chercher son boucher, lequel arriva avec un instrument servant à tuer les bœufs, et l'enfonça dans la tête du pauvre diable; puis, s'écria, en joignant les mains: « Dieu soit loué ! son âme est maintenant au ciel. » Or, ce misérable fanatique était, soir et matin, à l'Eglise; il était persuadé que les meurtres commis par lui sur des

Français n'étaient pas des crimes, et, qu'au contraire, ils devaient lui obtenir l'absolution pour ses péchés.

Des prisonniers retournaient en France, venant de Badajoz. Deux d'entre eux se trouvaient logés chez un Espagnol fanatique; ce dernier était absent lorsqu'ils y arrivèrent. Il demande à sa femme quels animaux logent chez lui, et en quel endroit ils sont. On lui dit qu'ils sont dans une chambre, et il répond que la cour est excellente pour eux. On lui objecte qu'ils sont malades, et il répond qu'il les aura bientôt guéris, ajoutant que, de tous les Français entrés dans sa maison, pas un n'était sorti, et que ceux-ci subiraient le même traitement. Deux autres Espagnols l'accompagnaient; il les prie de l'aider dans son projet; l'un d'eux y consent, l'autre refuse, alléguant que lui-même ayant été prisonnier de guerre, n'avait point eu à se plaindre des Français. D'ailleurs, ajoute-t-il, ce ne sont plus des ennemis, puisqu'ils retournent dans leur pays, ce sont des hommes comme nous, et leur donner la mort me semble le le plus odieux des crimes. —Un crime! reprend le fanatique, y songez-vous? l'homme, sur la terre, est dans un lieu de souffrance; c'est lui rendre service que de mettre fin à sa vie, et d'envoyer son âme jouir des délices du ciel. Vous avez donc bien peu de la foi d'un chrétien? — Je me suis toujours persuadé, répliqua l'autre, que le premier article de la foi chrétienne consistait à sauver les jours de mon prochain; mais vous, qui montrez tant d'ardeur et de zèle pour envoyer les âmes au ciel, vous qui dites que le corps n'est rien, pourquoi donc avez-vous tant de soin et tant d'inquiétude pour le vôtre? Pourquoi donc avez-vous, lors de votre dernière maladie, consulté tant de médecins français et espagnols, pour sauver ce corps que vous prétendez n'être rien? Puis cet Espagnol les quitte, et après son départ on le déclara athée et impie. Resté seul avec celui qui consentait à lui prêter aide et secours, le maître de la maison lui fait voir le couteau dont il s'était plus d'une fois servi pour égorger les Français logés chez lui. Par bonheur, les soldats, de la chambre où ils étaient, n'avaient pas perdu un mot de cette conversation. Ils glissent un couteau dans la gache de la serrure, pour empêcher qu'on lève le loquet, puis s'élançant par une fenêtre, ils vont coucher dans un champ de blé, sur la route de l'Escurial, où la colonne devait passer.

Les Espagnols haïssaient les Anglais, parce que ceux-ci professent la religion réformée. De leur côté, les Anglais méprisaient les Espagnols. Voici la preuve de ce mépris. Un vaisseau anglais, dans la rade de Cabrera, avait arboré les couleurs de toutes les nations. Le pavillon français était le premier, le pavillon anglais venait ensuite, le pavillon espagnol, placé le dernier, se trouvait tout à côté les lieux d'aisance, lesquels touchaient à la mer.

Pendant la retraite de Portugal, les Espagnols égorgèrent tous les Français qui restaient dans les hôpitaux. Les cruautés de ces fanatiques indignaient les Anglais et les remplissaient d'horreur. Leur général en chef écrivit au maréchal Ney de laisser dans chaque hôpital une compagnie de garde, qui serait relevée par une garde anglaise. De cette manière, on put sauver les malades dans quelques hôpitaux.

Quelques médecins espagnols se sont couverts de crimes ; d'autres, au contraire, ont bien agi envers les Français. Mais des Espagnols eux-mêmes ont raconté qu'à Ciudad-Rodrigo, un médecin avait acquis une triste et affreuse célébrité ; ce monstre aurait fait mourir plus de Français qu'il n'avait de cheveux à la tête.

Il est juste de reconnaître que partout on rencontre des gens pleins de bons sentiments et d'humanité, mais que souvent les mêmes hommes se trouvent entraînés par le torrent et forcés, comme dit avec vérité un proverbe vulgaire : *De hurler avec les loups.*

Je ne rappelle ici que quelques faits isolés ; mais que d'assassinats ont eu lieu ! ce ne serait pas aller au-delà de la vérité que d'en porter le nombre à vingt mille au moins. Dans la circonstance que je viens de relater, au sujet des hôpitaux, la conduite du général anglais a été celle d'un vrai chrétien, bien plus que celle des généraux espagnols, ces fervents catholiques ; elle a été aussi bien plus agréable à Dieu. Tout ce que j'ai dit précédemment est à l'appui de mon opinion et du vœu que je manifeste au commencement de cet écrit ; savoir : que si chaque nation, pendant la guerre, avait dans ses armées un délégué, cardinal ou évêque ; ces prélats, chacun de leur côté, feraient valoir les droits de l'humanité ; on n'aurait plus à déplorer des actes de révoltante barbarie ; on ne verrait plus de pauvres malades égorgés dans les hôpitaux, ni des prisonniers traités avec autant d'inhumanité que nous le fûmes à Cadix et à Cabrera.

RÉSUMÉ ET CONCLUSION.

La religion doit être la sauvegarde des mœurs et de
la civilisation ; en suit-on les véritables maximes ? N'est-
ce pas dans les moments de guerre qu'il convient de
lui faire déployer sa puissance et de commander, au nom
du respect qui doit l'entourer, la miséricorde et la charité chrétienne ? Si les prêtres espagnols eussent agi de
la sorte, ils n'auraient pas eu besoin de faire des miracles pour obtenir l'amour et la vénération. Chaque
soldat, à son retour dans ses foyers, aurait proclamé les
bienfaits qu'il avait reçus d'eux, et toutes les voix se
seraient unies pour leur donner mille bénédictions. Le
culte religieux prend l'homme à son berceau, il doit le
protéger jusqu'à la tombe. Les prêtres doivent être partout les ministres de Dieu et ne voir que des hommes
mais jamais des ennemis ; ils ne doivent point prendre
parti dans les querelles des rois, soit justes soit injustes ;
la puissance des rois est passagère, tandis que la justice
de Dieu est de tous les temps.

Je me souviens d'avoir entendu l'abbé Combalot, dans

un de ses sermons, dire à son auditoire : « Pauvres !
« vous êtes jaloux du bonheur et de la fortune que
« possèdent les riches. Ah ! plaignez-les, plutôt ; ils sont
« plus malheureux que vous, car ils s'éloignent de Dieu
« et touchent aux portes de l'enfer, tandis que votre
« pauvreté vous rapproche du Seigneur, et vous ouvre
« les portes du ciel ! »

Dans un autre sermon, il disait : « Nous avions jadis
« des hôtelleries où nous pouvions donner asile et se-
« cours aux voyageurs. Aujourd'hui, nous ne possè-
« dons plus rien ; on nous interdit même de parler
« politique. »

A mon avis, ce prédicateur avait tort de se plaindre
de la République ; en ôtant au haut clergé le superflu
de ses biens, elle leur rendait plus faciles les voies du
salut, et leur ouvrait l'entrée du paradis.

Je suis loin de vouloir attaquer le culte, et Dieu me
garde de dire que l'on a tort de fréquenter les églises.
Loin de là, je pense que tout père de famille doit y
conduire ses enfants, plutôt que de les conduire au bal
et aux réunions mondaines. La religion bien entendue
fortifie la vertu et la soutient dans les peines et les af-
flictions d'ici-bas. Elle est comme le bâton qui guide
la marche de l'aveugle et l'empêche de tomber au fond
d'un précipice. De même qu'aucun homme ne peut
être certain de conserver toujours la vue, de même aussi
nul ne peut se fier au seul appui de sa vertu. Nous avons
donc tous besoin de la religion pour nous diriger.

Tous les amis de l'humanité penseront sans doute
comme moi que la seule politique du prêtre doit con-

sister à sauver la vie à ses semblables. Il doit s'occuper de sauver les âmes, mais il ne doit pas dire que le corps n'est rien. Cette doctrine funeste a été imaginée dans ces temps de barbarie et de guerres de religion, où les diverses sectes voulaient se détruire les unes et les autres. On s'en est servi comme d'un moyen propre à étouffer la pitié dans les cœurs ; c'est cette fausse doctrine qui a été cause que tant de soldats français, dans la guerre de la Péninsule, sont tombés sous le poignard des fanatiques espagnols.

Ah ! dites plutôt à l'homme qu'il ne peut sauver son âme que par de bonnes actions ; que de toutes les actions qui plaisent à Dieu, la plus belle sera toujours de sauver son semblable.

Dans les guerres civiles, de même que dans les guerres de nation à nation, la voix de la justice humaine n'est plus écoutée ; c'est donc alors surtout que celle de la justice divine doit se faire entendre. Lorsque les ministres du culte voient les enfants d'un même père, puisque Dieu est le père de tous les hommes, prêts à s'égorger, ils doivent chercher à les séparer, à les apaiser.

C'est pour cela que je voudrais qu'il y eût dans chaque armée un prêtre, un prince de l'Église, apôtre de miséricorde et de douceur, ambassadeur de l'humanité. Au milieu de ces scènes de deuil et de carnage, il serait la providence des infortunés, il les consolerait et ferait tous ses efforts pour apaiser l'effervescence des vainqueurs furieux. Combien de fois n'a-t-on pas vu, lorsqu'une ville est prise d'assaut, les habitants égarés chercher un refuge dans les temples, au pied des autels? n'a-t-on pas vu le lieu saint souillé du sang des victimes immolées par la fureur? Et nous croyons être civilisés!..

Ah! si nous l'étions véritablement, les temples du Seigneur seraient des asiles inviolables en des moments semblables à ceux dont je parle; l'autorité du prêtre, qui est roi dans son église, serait respectée, et tous ces crimes ne se commettraient pas.

Dans un duel, chaque combattant a un témoin; ces témoins veillent à ce que les choses se passent régulièrement et conformément aux lois de l'honneur. Dans la guerre, les partis sont en face l'un de l'autre, sans qu'aucun médiateur s'interpose pour faire respecter du moins le droit des gens et la civilisation. Appeler les prêtres à cet office de médiateurs, entre deux nations belligérantes, c'est leur assigner le plus beau, le plus noble rôle qu'ils puissent remplir; c'est leur fournir l'occasion de rendre les plus grands services à la société; c'est, enfin, leur donner le moyen de prouver qu'ils sont réellement les ministres d'un Dieu de paix et de bonté!

SUR LA LÉGION-D'HONNEUR.

On assure les propriétés et les marchandises ; la propriété des soldats, c'est l'honneur, et cette propriété ne peut être assurée et garantie par la Légion-d'Honneur.

L'homme qui reste dans ses foyers et se livre à des occupations quelconques, peut mettre à la caisse d'épargnes, pour assurer le pain de ses vieux jours, les économies qu'il peut réaliser pendant sa jeunesse et son âge mûr. Mais celui que la loi enlève à sa famille, à l'âge de vingt ans, pour l'envoyer sous les drapeaux, est non seulement exposé à finir sa vie souvent à quatre ou cinq cents lieues du sol natal, et loin de ceux qu'il aimait ; ou, s'il échappe aux périls de la guerre, à trouver, lorsqu'il rentre dans sa patrie, un autre souverain et un ordre de chose tout nouveau. Pareille chose n'est-elle pas arrivée à ceux qui rentrèrent en France, au sortir des pontons d'Angleterre, ou des déserts de la Sibérie, après la Restauration. Leurs exploits étaient traités de brigandages, et les Bourbons, qui ne voulaient pas leur tenir compte du sang qu'ils avaient versé pour le pays, attendu qu'en contribuant, par leur courage, aux victoires et à la puissance de Napoléon, ils avaient retardé de dix-huit ans l'avènement de Louis XVIII au trône de France. En revanche, on récompensa tous ceux qui s'étaient rendus complices de l'étranger, et dont la défection avait préparé ou amené la chute de l'Empire. C'est ainsi que le général Dupont, par sa honteuse capitulation de Baylen, fut nommé ministre de la guerre, sous le gouvernement de la Restauration.

Un soldat supporte toutes sortes de fatigues et de misères ; son corps est affaibli par les privations qu'il a endurées ; il a sacrifié sa jeunesse, altéré sa santé, le tout pour servir et défendre son pays. Quelle est sa récompense? un congé de réforme et la misère en perspective ; car l'âge et les infirmités sont venus, et l'empêchent de trouver dans le travail les moyens de subvenir à son existence et de le mettre à l'abri du besoin.

S'il fût demeuré dans sa ville natale, occupé à l'exercice d'une profession ; s'il eût cultivé les champs, il aurait pu mettre à la caisse d'épargnes quelques milliers de francs, plus ou moins, et se créer de petites rentes. Il n'a rien gagné que des blessures, il s'est battu pour la gloire, pour l'intérêt d'un souverain. Ne serait-il pas juste qu'une loi de l'Etat lui assurât une récompense de ses services?

A cet effet, je voudrais qu'une loi établît que la croix de la Légion-d'Honneur serait méritée et accordée par mentions honorables ; que tout soldat qui, par sa valeur, aurait contribué à assurer la victoire dans cinq combats, obtînt chaque fois une mention honorable. A la

cinquième mention , il recevrait de droit la décoration ,
à laquelle serait jointe une pension de 50 fr. A la sixième
affaire , dans laquelle il se serait distingué , sa pension
s'élèverait à 100 fr. ; à 150 , après la septième, et à
250 après la huitième.

Toutefois, une action d'éclat ferait exception , et le
soldat qui l'aurait accomplie, recevrait la croix sur le
champ, avec la pension de 50 fr. De sorte que ce même
soldat pourrait néanmoins porter une seconde décoration, après cinq autres mentions méritées à la suite
d'autres batailles.

Je suis convaincu qu'une loi semblable, si elle existait, surexciterait l'ardeur du soldat ; ils s'inspireraient
tous d'une noble ambition , et se guideraient sur le
point d'honneur. Tous, au moment de la bataille, voudraient rivaliser de courage et prendre le plus de part
qu'il serait en eux à la gloire de la journée.

Les récompenses accordées aux défenseurs de la patrie , doivent être proportionnées au mérite et aux services rendus ; il ne faut pas non plus qu'elles dépendent
du caprice des hommes, et que le privilége s'en em-
pare. C'est aux législateurs qu'il appartient de fixer et
sauvegarder les droits communs de tous les citoyens.
En consacrant le principe, en le sanctionnant par un
texte formel de la loi, on se délivrerait du despotisme ;
car, du moment où c'est la loi qui récompense , on ôte
toute chance à un ambitieux de se faire des créatures
et de se former un parti.

Napoléon Ier avait institué l'Ordre de la Légion-
d'Honneur pour être la récompense des braves ; il était

parvenu à son but, et l'espérance de voir l'étoile sur leur poitrine fascinait, entraînait les soldats sur les traces du conquérant. Le vice de l'institution consistait à laisser aux souverains le pouvoir de distribuer, de prodiguer la décoration ; elle a servi quelquefois à rémunérer, à honorer le mérite, à faire acte de justice ; mais souvent elle a été donnée comme une marque de faveur.

Louis XVIII a fait légionnaires ceux qui promenèrent l'échafaud dans les départements, en 1817 ; il a décoré ceux qui arrêtèrent et ceux qui condamnèrent le général Mouton-Duvernet ; ceux qui arrachèrent de son domicile le commandant Caron pour le conduire à Strasbourg, où il fut passé par les armes, quoiqu'il n'eût commis d'autre crime que d'avoir servi dans la garde impériale, et d'être un bonapartiste fanatique ; enfin, ceux qui firent condamner à mort le général Berton, ainsi que le médecin qui lui avait offert l'hospitalité.

Charles X, en 1830, disait aux soldats de la garnison de Paris : « Je viens de donner un grand nombre de « croix à vos camarades qui combattent en Afrique ; « j'en ai plus encore à vous distribuer. » Cette promesse, faite au moment où allaient paraître les fatales ordonnances de juillet, n'avait sans doute d'autre but que d'exciter les soldats à ne pas épargner le sang de leurs concitoyens.

Louis-Philippe s'est montré encore bien plus prodigue de décorations. Sous ce règne, il suffisait, pour obtenir la croix, de *chauffer* une élection douteuse, d'intriguer habilement pour assurer le succès de la candidature d'un député ministériel. C'était bien le cas alors de

dire , avec la chanson , à ceux qui obtenaient le ruban
rouge :

Ah ! dis-moi donc, frère Jean-Pierre,
Où diable as-tu gagné la croix ?

En prostituant ainsi la décoration , on lui enlève tout
son prestige ; en l'abaissant jusqu'à en faire le prix
d'une lâche complaisance, d'une intrigue coupable , on
couvre d'une sainte honte ceux auxquels cette même
croix a été donnée comme récompense de leur courage,
ceux qui l'ont méritée en versant leur sang sur les champs
de bataille , en exposant vingt fois leurs jours.

Avec l'institution de la Légion-d'Honneur, telle qu'elle
est aujourd'hui , qu'un soldat , après s'être signalé par
des prodiges de valeur qui lui auraient mérité la croix,
soit fait prisonnier de guerre ; ou, qu'étant laissé sur le
champ de bataille , couvert de blessures, il soit ensuite
porté à l'hôpital, dans l'un de ces cas comme dans l'autre
il est oublié. Lorsqu'il est ensuite rendu à la liberté, ou
lorsque ses blessures sont guéries , il sort de l'hospice ;
mais, en arrivant à son régiment, il trouve un change-
ment total. Le régiment s'est renouvelé presque en entier. Ses chefs , qui le connaissaient et auraient pu lui
rendre ou lui faire obtenir justice , sont morts , ou ont
changé de corps. Ses réclamations seront inutiles ? A qui
les adresserait-il ? qui les écoutera ?

Je le répète , l'institution de la Légion-d'Honneur,
telle qu'elle est actuellement , est entachée d'un vice ra-
dical ; car elle laisse trop de marge au privilége et à la

faveur. On peut avec raison lui appliquer, en le modifiant, ce fameux distique de Voltaire :

La croix d'honneur n'est pas ce que le monde pense ;
Elle est plus au besoin qu'à la reconnaissance.

Certes, loin de moi la pensée de blâmer l'empereur Napoléon ; mais les grands hommes, quoiqu'ils soient bien au-dessus du vulgaire, peuvent quelquefois se tromper comme les autres mortels. Telle qu'il l'a instituée, la Légion-d'Honneur empêchait Napoléon de récompenser dignement ses soldats, soit à cause du privilége qui l'accordait de préférence aux officiers, soit parce que le traitement qui y était joint, pour les officiers comme pour les soldats, devenait un obstacle à en augmenter le nombre. D'après l'idée que j'émets, en ne donnant d'abord que 50 fr. de pension au légionnaire, on pourrait récompenser cent mille hommes au lieu de vingt mille. Et qu'on ne dise pas que le trésor de l'Etat suffirait à peine pour toutes ces pensions ; je soutiens, au contraire, qu'il acquitterait tous les traitements des légionnaires, à meilleur marché qu'aujourd'hui, et j'ajoute que l'on satisferait un bien plus grand nombre de soldats.

Car il est à peu près certain que sur 500,000 hommes, 10,000 tout au plus se trouveraient à la huitième bataille, puisque les régiments se renouvelant quatre à cinq fois en cinq ou six ans, les soldats qui auraient reçu la décoration l'auraient portée un an ou deux, suivant la chance de la guerre, et la plupart auraient été moissonnés par le fer ennemi avant d'avoir seulement touché leur pension.

A la bataille d'Eylau, Napoléon dit au 6ᵉ régiment d'infanterie : « Soldats! vous avez surpassé mon espé-
« rance, et pourtant je n'attendais pas moins de votre
« valeur. Vous avez tous mérité la croix; mais la pa-
« trie ne peut récompenser tous ses défenseurs; le tré-
« sor serait mis à sec. Je décore votre colonel. »

Cependant, lorsqu'un régiment a, par son courage, fixé la victoire incertaine, que les trois quarts des soldats qui le composaient ont péri victimes de leur héroïque dévoûment, pourquoi la patrie se montrerait-elle ingrate et ne récompenserait-elle pas le petit nombre de ceux de ces braves qui ont échappé à la mort? Pourquoi ne leur donner que des éloges? Est-ce payer sa dette généreusement.

Dans cette circonstance, si la Légion-d'Honneur eût été instituée comme je le propose, Napoléon aurait pu récompenser tous ces braves soldats sans ruiner le trésor; c'eût été entretenir dans l'armée le feu sacré du dévoûment et de l'enthousiasme; car les soldats auraient marché au combat, ayant devant eux la gloire et le salut de la patrie, en même temps que la perspective de l'étoile de l'honneur, que la loi leur assurerait.

Après la bataille d'Ulm, Napoléon distribua des décorations; il donna la croix à un soldat qui n'était pas au nombre de ceux portés pour la recevoir. « Votre
« Majesté fait erreur, lui dit-on. — « Qu'importe, ré-
« pondit l'Empereur; s'il ne l'a pas gagnée, il la ga-
« gnera. » C'est que le grand homme savait comprendre

que tous les soldats de son armée méritaient la décoration, par leurs souffrances, leur courage et par l'héroïque constance avec laquelle ils supportaient les privations.

La Légion-d'Honneur ne doit pas être instituée pour flatter l'orgueil ou la vanité de quelques individus. Dans une bataille, il peut arriver, — et cela s'est présenté souvent, — que, malgré la valeur des soldats et l'habileté des chefs, la victoire nous trahisse ; alors, on ne distribue pas de décorations, et l'on ne s'occupe qu'à réparer les désastres de la défaite. Parfois, au contraire, on obtient la victoire sans grands efforts ; et, néanmoins, il y a des croix distribuées. Qu'un soldat trouve un drapeau au milieu des morts qui gisent sur le champ de bataille, ce drapeau trouvé lui vaudra la croix. Est-ce donc le bonheur, la chance heureuse qui doivent obtenir récompense ? N'est-ce pas plutôt le mérite et la valeur, lors même que le succès les aurait trahis. Souvent les triomphes ou les revers, pour les généraux comme pour les soldats, dépendent des ennemis qu'ils ont à combattre. Nos soldats ne se battirent pas moins bien en Portugal qu'en Allemagne ; Masséna, Junot, Soult et Ney ne déployèrent pas moins de talents militaires dans cette campagne que dans celles qu'ils avaient faites précédemment ; et pourtant, si leur réputation n'eût pas été déjà établie, ce n'est point là qu'ils l'eussent acquise. Mais les ennemis qu'ils avaient en face opposaient une stratégie plus expérimentée. La tactique des Anglais n'a pas été bien comprise par les généraux de Napoléon ; s'ils l'eussent mieux étudiée, qu'ils en eussent cherché le côté faible, ces adversaires n'auraient pas tardé à être vaincus dans toutes les rencontres, comme l'étaient les Prussiens, les Russes et les Autrichiens.

Ce serait donc une injustice que de ne pas faire la part des circonstances, et de condamner un général parce qu'il n'aura pas été heureux. Il faut tenir compte aux chefs de leur prudence, de l'habileté de leurs dispositions, comme aux soldats de leur intrépidité sur le champ de bataille et de leur constance à supporter les fatigues et les privations. Tels doivent être les titres des uns et des autres aux récompenses et distinctions.

Jamais les distributions de croix ne furent plus rares, pendant les longues guerres de l'Empire, que depuis la retraite de Moscou jusqu'à la mémorable campagne de France; jamais pourtant les soldats ne furent plus intrépides, et en même temps plus malheureux.

Mais trop souvent, et je l'ai dit déjà, on honore la réussite, on récompense le bonheur. En politique, comme à la guerre, les vaincus ont tort. Qu'un chef de parti tente un coup hasardeux; s'il obtient le succès, ce sera un grand homme; s'il échoue, ce ne sera qu'un aventurier.

Si l'armée française eût été victorieuse à Waterloo, le maréchal Ney aurait été exalté, et porté aux nues par ceux mêmes qui l'ont jugé et condamné. On a dit qu'il avait été coupable; envers Louis XVIII, je l'avoue; envers la France, je le nie. Il se trouvait placé entre le roi d'un côté, et l'Empereur de l'autre. Napoléon l'avait élevé aux premières dignités; il l'avait créé prince et

maréchal. La reconnaissance et l'amitié devaient nécessairement l'emporter; s'abandonnant au destin, il vint se
rallier à l'Empereur. Ce sont là de ces événements qui
se rencontrent peu dans l'histoire.

Quoiqu'il en soit, coupable ou non envers Louis XVIII,
le maréchal avait cru servir les intérêts et la gloire de
son pays; il croyait de son honneur de soustraire la
France à l'humiliation que les rois de l'Europe faisaient
peser sur elle. Sa condamnation à mort fut un crime ;
et les Bourbons, déjà si peu populaires, achevèrent de
se perdre en laissant périr ce brave guerrier. Un acte
de clémence eût été de haute politique. La vengeance
de Louis XVIII a été funeste à sa maison.

Il me reste à dire quelques mots sur la Légion-d'Honneur, telle que je la voudrais, telle qu'elle devrait être;
ces digressions m'en ont écarté. Cette institution est
maintenant semblable à un code ne renfermant que deux
articles : l'un qui prescrirait la peine capitale, l'autre l'ac-
quittement. Les juges se trouveraient très-embarrassés
et seraient quelquefois obligés de se dire : « Le crime de
cet homme n'est pas assez grand pour qu'on le punisse
de mort ; il l'est trop pour qu'on doive l'acquitter. »

La position de Napoléon a été souvent identique vis-
à-vis des régiments qui s'étaient particulièrement dis-
tingués; car le vice de la Légion-d'Honneur était pour
lui une entrave. Si elle eût été organisée comme je le dis
plus haut, l'Empereur aurait pu dire à ces régiments :
« Vous n'avez pas encore assez fait pour obtenir la croix,
mais vous avez trop fait pour ne pas être récompensés. »
Car, au moyen des mentions honorables, il aurait pu

acquitter envers ces braves la dette du pays. Un colonel ne serait-il pas fier de voir quatre, cinq mentions, et plus peut-être inscrites sur le drapeau de son
régiment?

Les soldats des quatorze armées de la République ne
se battaient pas dans l'espérance d'être décorés, mais
bien pour l'amour de la patrie et pour lui assurer l'in-
dépendance. Leurs exploits ont servi de marchepied à
Napoléon; ils l'ont fait monter sur le trône. Plus tard,
l'amour de la patrie fit place au fanatisme; on se battit
pour la gloire d'un homme, et les soldats auraient partagé cette gloire si la loi que je demande eût existé;
car chacun, ou du moins la plus grande partie d'entre
eux aurait mérité une mention. Et quand les premiers
revers succédèrent aux victoires, le sénat commit une
faute en permettant que, dans une seule année, la con-
scription se renouvelât trois fois; il était plus sage de laisser à la patrie ses remparts en cas d'invasion, de ne
pas dégarnir tout à fait nos villes par l'enlèvement de
tous ceux qui pouvaient les défendre. Ceux de nos
alliés qui firent défection, savaient fort bien que la
France, épuisée d'hommes, ne pourrait soutenir longtemps une lutte disproportionnée, quant au nombre, et
qu'elle succomberait tôt ou tard. S'ils n'eussent été
bien informés de cette situation critique, aucun d'eux
n'eût osé abandonner Napoléon.

Depuis 1814 et 1815, les décorations se sont multipliées
à l'infini. La branche aînée et la branche cadette des
Bourbons les ont prodiguées au point d'en déprécier tout
à fait le mérite. Ce n'est pas que je veuille réserver la

croix d'honneur uniquement aux militaires; elle doit être aussi une récompense pour le mérite civil.

Le magistrat qui rend avec impartialité la justice, le prêtre qui, du haut de la chaire, enseigne la morale évangélique, et n'en descend que pour porter dans les prisons et au chevet des mourants les consolations qu'il puise dans la charité et la religion, l'homme de génie qui enrichit l'industrie ou les arts d'une invention utile ou d'un chef-d'œuvre remarquable, tous ces citoyens ont droit à recevoir une récompense proportionnée aux services qu'ils rendent à la société. Seulement, je voudrais que les insignes de la décoration fussent différents, selon le caractère de la profession des individus.

Ainsi, les militaires porteraient la croix attachée à un ruban rouge; l'étoile porterait un drapeau et un glaive entrelacés.

Pour les magistrats de l'ordre judiciaire ou de l'ordre administratif, le ruban serait rouge aussi; l'étoile porterait au milieu le livre de la loi avec des balances, comme symbole de leurs fonctions.

Pour les membres du haut clergé, la couleur bleue me semblerait plus convenable que la rouge pour le ruban de la décoration. D'ailleurs le bleu qui est la couleur du firmament symboliserait mieux le royaume du ciel, le seul royaume auquel aspirent les ministres de la religion; sur l'étoile serait la croix du Rédempteur.

Enfin, pour les astronomes, les savants, je voudrais un symbole vert, et sur l'étoile des leviers, des planètes et des compas.

Puisque je parle des astronomes, un mot encore à

leur adresse, il comblera une lacune de ma réfutation de leur système. Je dirai donc à ces messieurs : puisque d'après vos calculs mathématiques, dont vous ne voulez pas permettre de contester l'exactitude, vous portez la grosseur du soleil à un chiffre fabuleux et qui confond l'intelligence, il serait de votre intérêt, afin de convaincre les incrédules qui doutent de ce que vous affirmez, de prier sa majesté l'empereur de mettre à votre disposition six vaisseaux, avec lesquels vous iriez sous la ligne du soleil. Il est presque certain qu'il ne vous refuserait pas; car ce serait une vive satisfaction en même temps qu'une gloire pour lui, si la vérité, à l'égard de vos assertions, se montrait d'une manière éclatante, sous son règne. Arrivés sous la ligne, vous placeriez les six vaisseaux de distance en distance, soit à cinquante lieues l'un de l'autre, ce qui ferait 300 lieues de largeur. Vous verriez qu'à midi le soleil ne tomberait pas perpendiculairement sur tous, et que les mâts des navires les plus éloignés du centre, des deux côtés, projetteront de l'ombre. Tandis que si cet astre avait trois cents lieues de longueur, sa lumière tomberait d'aplomb sur tous les vaisseaux, et les mâts de ceux-ci ne projetteraient aucune ombre. On saurait à quoi s'en tenir sur la grosseur du soleil. Vous dites encore qu'il est 1,300,000 fois plus gros que la terre; s'il en était ainsi, il n'y aurait nulle part d'ombre ni de nuit; le jour et la clarté seraient perpétuels. Mais ceux qui ont imaginé la grosseur du soleil étaient dans la démence comme tous ceux qui la soutiennent.

CONCLUSION.

Ce que je viens de dire sur la Légion-d'Honneur avait été écrit sous la République de 1848. Je pense toutefois que cette idée peut également être mise au jour sous le nouvel Empire. On me dira peut-être que le gouvernement n'a pas besoin qu'on lui fasse la leçon; je répondrai que ce n'est point un conseil que j'entends lui donner, mais seulement une pensée qui m'a été suggérée par de mûres réflexions. Si mon idée n'est pas absolument dépourvue de sens (et j'ai l'amour-propre de le croire ainsi), le gouvernement est assez partisan de tout ce qui est progrès, de tout ce qui est bon et utile, pour profiter, en la modifiant, de la proposition que je formule et que je soumets à l'appréciation de mes concitoyens.

TABLE DES MATIÈRES.

—

MÉMOIRES D'UN PRISONNIER DE GUERRE

SUR LES PONTONS DE CADIX ET DANS L'ILE DE CABRERA.

FIN DE LA TABLE.

www.ingramcontent.com/pod-product-compliance
Ingram Content Group UK Ltd.
Pitfield, Milton Keynes, MK11 3LW, UK
UKHW022206120726
13694UKWH00002B/433